EUROPA-FACHBUCHREIHE
für Metallberufe

Roland Gomeringer
Max Heinzler
Roland Kilgus
Volker Menges
Friedrich Näher
Stefan Oesterle
Claudius Scholer
Andreas Stephan
Falko Wieneke

Formeln für Metallberufe

11. Auflage

Bildbearbeitung:
Zeichenbüro des Verlages Europa-Lehrmittel, Ostfildern

Druck 5 4 3 2
Alle Drucke derselben Auflage sind parallel einsetzbar, da sie bis auf die Behebung von Druckfehlern unverändert sind.

http://www.europa-lehrmittel.de

Satz: Satz+Layout Werkstatt Kluth GmbH, 50374 Erftstadt
Druck: M. P. Media-Print Informationstechnologie GmbH, 33100 Paderborn

Europa-Nr.: 10714 ISBN 978-3-8085-1214-2

VERLAG EUROPA-LEHRMITTEL · Nourney, Vollmer GmbH & Co. KG
Düsselberger Straße 23 · 42781 Haan-Gruiten

Umrechnung von Einheiten

Diese Formelsammlung gibt zu allen Größen einer Formel immer das Formelzeichen und eine Einheit an. Setzt man bei Berechnungen die gegebenen Größen in den vorgeschlagenen Einheiten in die Formel ein, erhält man auch die gesuchte Größe in der angegebenen Einheit.

Beispiel:

Formel für die Leistung $P = F \cdot v$ (Seite 24) mit
P Leistung W
F Kraft N
v Geschwindigkeit m/s

Berechnungsbeispiel: F = 12 kN, v = 300 m/min; P = ? kW
Umrechnung der Einheiten: F = 12 kN = 12 000 N
v = 300 m/min = 300 m / 60 s = 5 m/s
Lösung: $\boldsymbol{P} = F \cdot v$ = 12 000 N · 5 m/s = **60 000 W** = 60 kW

Größe: Beispiel	Größe: Formelzeichen	Einheit: Name	Einheit: Zeichen	Umrechnung in andere Einheiten
Länge				
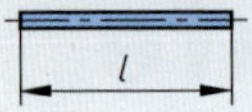	l	Meter	m	1 m = 10 dm = 100 cm = 1000 mm 1 mm = 1000 µm 1 µm = $\frac{1}{1000}$ mm; 1 km = 1000 m
Fläche				
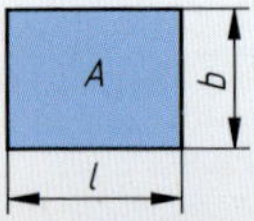	A, S	Quadratmeter	m^2	1 m^2 = 100 dm^2 = 10 000 cm^2 = 1 000 000 mm^2 1 dm^2 = 100 cm^2 = 10 000 mm^2 1 cm^2 = 100 mm^2 1 a = 100 m^2 } nur für Grundstücksflächen 1 ha = 10 000 m^2 }
Volumen und Hohlmaße				
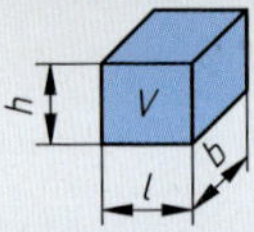	V	Kubikmeter Liter	m^3 l, L	1 m^3 = 1000 dm^3 = 1 000 000 cm^3 1 dm^3 = 1000 cm^3 1 cm^3 = 1000 mm^3 1 l = 1 L = 1 dm^3 = 0,001 m^3 1 dl = 100 cm^3; 1 ml = 1 cm^3
Winkel (eben)				
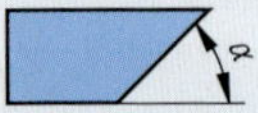	α, β, γ	Grad Minute Sekunde	° ′ ″	$1° = 60'$ $1' = \frac{1°}{60} = 60'' = 0{,}01\overline{6}°$ $1'' = \frac{1°}{3600} = \frac{1'}{60}$ für Drehbewegungen auch Radiant rad $1\ \text{rad} = \frac{180°}{\pi} \approx 57{,}296°$
Zeit				
	t	Sekunde Minute Stunde Tag	s min h d	1 s = $\frac{1}{60}$ min 1 min = 60 s = $\frac{1}{60}$ h 1 h = 60 min = 3600 s 1 d = 24 h
Drehzahl, Drehfrequenz				
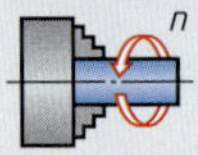	n	1 pro Sekunde 1 pro Minute	1/s 1/min	1/s = 60/min = 60 min^{-1} 1/min = 1 min^{-1} = $\frac{1}{60\ s}$

Umrechnung von Einheiten

Größe: Beispiel	Größe: Formelzeichen	Einheit: Name	Einheit: Zeichen	Umrechnung in andere Einheiten
Geschwindigkeit				
	v	Meter pro Sekunde Meter pro Minute Kilometer pro Stunde	m/s m/min km/h	1 m/s = 60 m/min = 3,6 km/h $1\ \text{m/min} = \frac{1}{60}\ \frac{\text{m}}{\text{s}} = 0{,}0167\ \frac{\text{m}}{\text{s}}$ $1\ \text{km/h} = \frac{1}{3{,}6}\ \frac{\text{m}}{\text{s}} = 0{,}278\ \frac{\text{m}}{\text{s}}$
Winkelgeschwindigkeit				
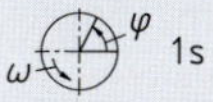	ω	1 pro Sekunde	$\frac{1}{\text{s}}$	$\frac{1}{\text{s}} = 1\ \frac{\text{rad}}{\text{s}} \approx \frac{57{,}296°}{\text{s}}$
Masse				
	m	Kilogramm Gramm Tonne	kg g t	1 kg = 1000 g 1 g = 1000 mg 1 t = 1000 kg = 1 Mg
Dichte				
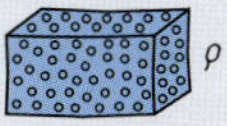	ϱ	Kilogramm pro Meter hoch drei	kg/m^3	$1\ \text{t/m}^3 = 1\ \text{kg/dm}^3 = 1\ \text{g/cm}^3 = 1\ \text{mg/mm}^3$ bei Gasen: $1\ \text{kg/m}^3 = 1\ \text{g/dm}^3$
Kraft, Gewichtskraft				
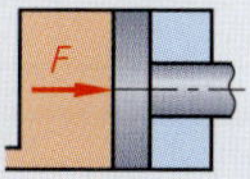	F, F_G	Newton	N	$1\ \text{N} = 1\ \frac{\text{kg} \cdot \text{m}}{\text{s}^2}$ 1 daN = 10 N $1\ \text{kN} = 1000\ \text{N} = 10^3\ \text{N}$ $1\ \text{MN} = 10^3\ \text{kN} = 1\,000\,000\ \text{N} = 10^6\ \text{N}$
Druck, mechanische Spannung				
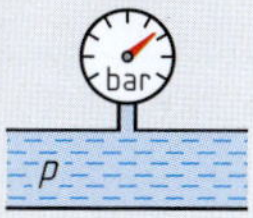	p σ, τ	Pascal Bar Newton pro Meter hoch zwei	Pa bar N/m^2	$1\ \text{Pa} = 1\ \text{N/m}^2 = 0{,}01\ \text{mbar}$ $1\ \text{bar} = 100\,000\ \text{N/m}^2 = 10^5\ \text{Pa}$ $1\ \text{bar} = 10\ \text{N/cm}^2 = 1\ \text{daN/cm}^2 = 0{,}1\ \text{N/mm}^2$ 1 mbar = 100 Pa = 1 hPa $1\ \text{N/mm}^2 = 100\ \text{N/cm}^2 = 1\,000\,000\ \text{N/m}^2 = 1\ \text{MPa}$ $1\ \text{N/mm}^2 = 10\ \text{bar}$
Arbeit, Energie, Wärmemenge				
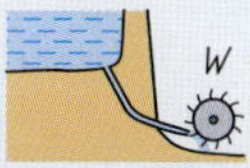	W, E, Q	Joule	J	$1\ \text{J} = 1\ \text{N} \cdot \text{m} = 1\ \text{W} \cdot \text{s} = 1\ \frac{\text{kg} \cdot \text{m}^2}{\text{s}^2}$ $1\ \text{kW} \cdot \text{h} = 3\,600\,000\ \text{W} \cdot \text{s}$ $1\ \text{kW} \cdot \text{h} = 3600\ \text{kJ} = 3{,}6 \cdot 10^6\ \text{J} = 3{,}6\ \text{MJ}$
Leistung, Wärmestrom				
	P, Φ	Watt	W	$1\ \text{W} = 1\ \text{J/s} = 1\ \frac{\text{N} \cdot \text{m}}{\text{s}} = 1\ \frac{\text{kg} \cdot \text{m}^2}{\text{s}^3}$ $1\ \text{W} = 1\ \text{V} \cdot \text{A}$ $1\ \text{kW} = 1000\ \text{W} = 1\ \text{kJ/s} = 1\ \frac{\text{kN} \cdot \text{m}}{\text{s}}$ (= 1,36 PS) $1\ \text{MW} = 1\,000\,000\ \text{W} = 10^6\ \text{W}$ $1\ \text{PS} = \frac{1}{1{,}36}\ \text{kW} = 0{,}736\ \text{kW}$

Größen und Einheiten

Zahlenwerte und Einheiten

Physikalische Größe

10 mm

Zahlenwert Einheit

Physikalische Größen, z. B. 125 mm, bestehen aus einem

- **Zahlenwert** und aus einer
- **Einheit,** z. B. mm, kg

Sehr große oder sehr kleine Zahlenwerte lassen sich über Vorsatzzeichen als dezimale Vielfache oder Teile vereinfacht darstellen, z. B. 0,004 mm = 4 µm.

Dezimale Vielfache oder Teile von Einheiten

Vorsatz- Zeichen	Vorsatz- Name	Zehner-potenz	Mathematische Bezeichnung	Beispiele
T	Tera	10^{12}	Billion	12 000 000 000 000 N = $12 \cdot 10^{12}$ N = 12 TN (Tera-Newton)
G	Giga	10^{9}	Milliarde	45 000 000 000 W = $45 \cdot 10^{9}$ W = 45 GW (Giga-Watt)
M	Mega	10^{6}	Million	8 500 000 V = $8{,}5 \cdot 10^{6}$ V = 8,5 MV (Mega-Volt)
k	Kilo	10^{3}	Tausend	12 600 W = $12{,}6 \cdot 10^{3}$ W = 12,6 kW (Kilo-Watt)
h	Hekto	10^{2}	Hundert	500 l = $5 \cdot 10^{2}$ l =5 hl (Hekto-Liter)
da	Deka	10^{1}	Zehn	32 N = $3{,}2 \cdot 10^{1}$ N = 3,2 daN (Deka-Newton)
–	–	10^{0}	Eins	1,5 m = $1{,}5 \cdot 10^{0}$ m
d	Dezi	10^{-1}	Zehntel	0,5 l = $5 \cdot 10^{-1}$ l = 5 dl (Dezi-Liter)
c	Zenti	10^{-2}	Hundertstel	0,25 m = $25 \cdot 10^{-2}$ m = 25 cm (Zenti-Meter)
m	Milli	10^{-3}	Tausendstel	0,375 A = $375 \cdot 10^{-3}$ A = 375 mA (Milli-Ampere)
µ	Mikro	10^{-6}	Millionstel	0,000 052 m = $52 \cdot 10^{-6}$ m = 52 µm (Mikro-Meter)
n	Nano	10^{-9}	Milliardstel	0,000 000 075 m = $75 \cdot 10^{-9}$ m = 75 nm (Nano-Meter)
p	Piko	10^{-12}	Billionstel	0,000 000 000 006 F = $6 \cdot 10^{-12}$ F = 6 pF (Pico-Farad)

Umrechnung von Einheiten

Berechnungen mit physikalischen Größen sind nur dann möglich, wenn sich ihre Einheiten jeweils auf eine Basis beziehen. Bei der Lösung von Aufgaben müssen Einheiten häufig auf Basiseinheiten umgerechnet werden, z. B. mm in m, s in h, mm^2 in m^2. Dies geschieht durch Umrechnungsfaktoren, die den Wert 1 (kohärente Einheiten) darstellen.

Umrechnungsfaktoren für Einheiten (Auszug)

Größe	Umrechnungsfaktoren	Größe	Umrechnungsfaktoren
Längen	$1 = \frac{10\ \text{mm}}{1\ \text{cm}} = \frac{1000\ \text{mm}}{1\ \text{m}} = \frac{1\ \text{m}}{1000\ \text{mm}} = \frac{1\ \text{km}}{1000\ \text{m}}$	Zeit	$1 = \frac{60\ \text{min}}{1\ h} = \frac{3600\ s}{1\ h} = \frac{60\ s}{1\ \text{min}} = \frac{1\ \text{min}}{60\ s}$
Flächen	$1 = \frac{100\ \text{mm}^2}{1\ \text{cm}^2} = \frac{100\ \text{cm}^2}{1\ \text{dm}^2} =$	Winkel	$1 = \frac{60'}{1°} = \frac{60''}{1'} = \frac{3600''}{1°} = \frac{1°}{60''}$
Volumen	$1 = \frac{1000\ \text{mm}^3}{1\ \text{cm}^3} = \frac{1000\ \text{cm}^3}{1\ \text{dm}^3} =$	Zoll	1 inch = 25,4 mm; 1 mm = $\frac{1}{25{,}4}$ inch

1. Beispiel:

Das Volumen $V = 3416\ \text{mm}^3$ ist in cm^3 umzurechnen.

$$\boldsymbol{V} = 3416\ mm^3 = \frac{1\ cm^3 \cdot 3416\ mm^3}{1000\ mm^3} = \frac{3416\ cm^3}{1000} = \mathbf{3{,}416}\ \boldsymbol{cm^3}$$

2. Beispiel:

Die Winkelangabe $\alpha = 42°\ 16'$ ist in Grad (°) auszudrücken.

$$\boldsymbol{\alpha} = 42° + 16' \cdot \frac{1°}{60'} = 42° + \frac{16 \cdot 1°}{60} = 42° + 0{,}267° = \mathbf{42{,}267°}$$

Umstellen von Formeln

Umstellen von Formeln

Formeln und Zahlenwertgleichungen werden umgestellt, damit die gesuchte Größe allein auf der linken Seite der Gleichung steht. Dabei darf sich der Wert der linken und der rechten Formelseite nicht ändern.

Zur Rekonstruktion der einzelnen Schritte ist es sinnvoll, jeden Schritt rechts neben der Formel zu kennzeichnen:

$| \cdot t$ → beide Formelseiten werden mit t multipliziert.

$| : F$ → beide Formelseiten werden durch F dividiert.

Umstellung von Summen

Beispiel: Formel $L = l_1 + l_2$, Umstellung nach l_2

1 $L = l_1 + l_2$	$\vert - l_1$	l_1 subtrahieren	3 $L - l_1 = l_2$	Seiten vertauschen
2 $L - l_1 = l_1 + l_2 - l_1$		subtrahieren durchführen	4 $l_2 = L - l_1$	umgestellte Formel

Umstellung von Produkten

Beispiel: Formel $A = l \cdot b$, Umstellung nach l

1 $A = l \cdot b$	$\vert : b$	dividieren durch b	3 $\frac{A}{b} = l$	Seiten vertauschen
2 $\frac{A}{b} = \frac{l \cdot b}{b}$		kürzen mit b	4 $l = \frac{A}{b}$	umgestellte Formel

Umstellung von Brüchen

Beispiel: Formel $n = \frac{l}{l_1 + s}$, Umstellung nach s

1 $n = \frac{l}{l_1 + s}$	$\vert \cdot (l_1 + s)$	mit $(l_1 + s)$ multiplizieren	4 $n \cdot l_1 - n \cdot l_1 + n \cdot s = l - n \cdot l_1$	$\vert : n$	subtrahieren dividieren durch n
2 $n \cdot (l_1 + s) = \frac{l \cdot (l_1 + s)}{(l_1 + s)}$		rechte Formelseite kürzen Klammer auflösen	5 $\frac{s \cdot n}{n} = \frac{l - n \cdot l_1}{n}$		linke Formelseite kürzen mit n
3 $n \cdot l_1 + n \cdot s = l$	$\vert - n \cdot l_1$	$- n \cdot l_1$ subtrahieren	6 $s = \frac{l - n \cdot l_1}{n}$		umgestellte Formel

Umstellung von Wurzeln

Beispiel: Formel $c = \sqrt{a^2 + b^2}$, Umstellung nach a

1 $c = \sqrt{a^2 + b^2}$	$\vert ()^2$	Formel quadrieren	4 $a^2 = c^2 - b^2$	$\vert \sqrt{\ }$	Wurzelzeichen einfügen
2 $c^2 = a^2 + b^2$	$\vert - b^2$	b^2 subtrahieren	5 $\sqrt{a^2} = \sqrt{c^2 - b^2}$		linke Formelseite radizieren
3 $c^2 - b^2 = a^2 + b^2 - b^2$		subtrahieren, Seite tauschen	6 $a = \sqrt{c^2 - b^2}$		umgestellte Formel

Winkelarten, Strahlensatz, Winkel im Dreieck, Satz des Pythagoras

Winkelarten

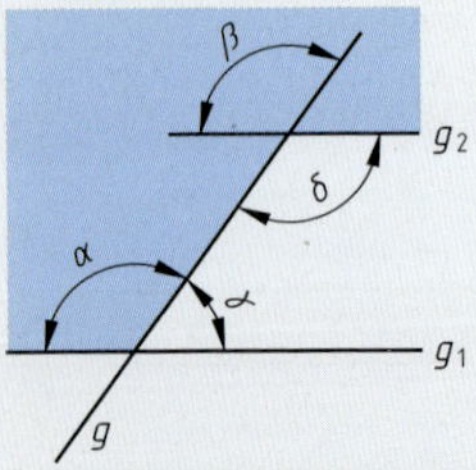

g	Gerade
g_1, g_2	parallele Geraden
α, β	Stufenwinkel
β, δ	Scheitelwinkel
α, δ	Wechselwinkel
α, γ	Nebenwinkel

Werden zwei Parallelen durch eine Gerade geschnitten, so bestehen unter den dabei gebildeten Winkeln geometrische Beziehungen.

Stufenwinkel

$$\alpha = \beta$$

Scheitelwinkel

$$\beta = \delta$$

Wechselwinkel

$$\alpha = \delta$$

Nebenwinkel

$$\alpha + \gamma = 180°$$

Strahlensatz

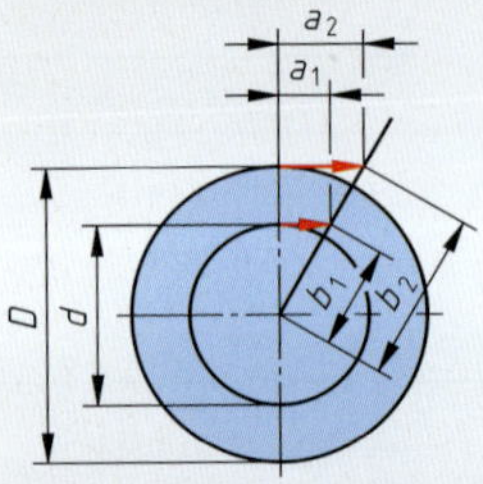

a_1, a_2	Abschnitte zweier Parallelen
b_1, b_2	Abschnitte einer Geraden
D, d	Abschnitte einer Geraden

Werden zwei Geraden durch zwei Parallelen geschnitten, so bilden die zugehörigen Strahlenabschnitte gleiche Verhältnisse.

Strahlensatz

$$\frac{a_1}{a_2} = \frac{b_1}{b_2} = \frac{\frac{d}{2}}{\frac{D}{2}}$$

$$\frac{a_1}{b_1} = \frac{a_2}{b_2} \qquad \frac{b_1}{d} = \frac{b_2}{D}$$

Winkelsumme im Dreieck

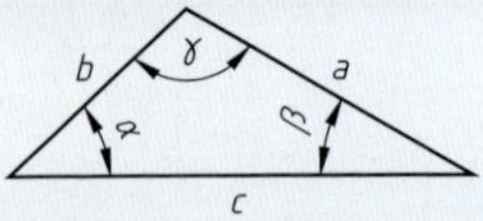

a, b, c	Dreieckseiten
α, β, γ	Winkel im Dreieck

In jedem Dreieck ist die Summe der Innenwinkel 180°.

Winkelsumme im Dreieck

$$\alpha + \beta + \gamma = 180°$$

Lehrsatz des Pythagoras

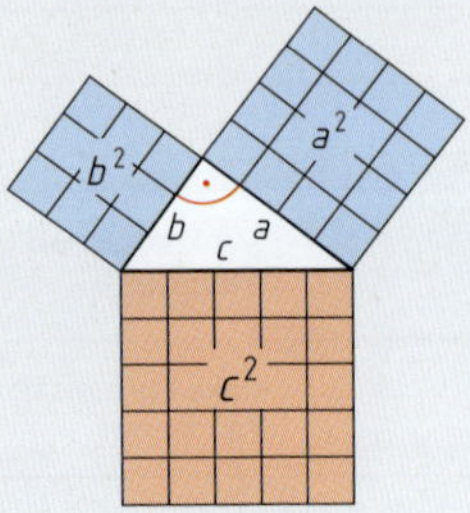

Im **rechtwinkligen Dreieck** ist das Hypotenusenquadrat flächengleich der Summe der beiden Kathetenquadrate.

a	Kathete	mm
b	Kathete	mm
c	Hypotenuse	mm

Quadrat über der Hypotenuse

$$c^2 = a^2 + b^2$$

Länge der Hypotenuse

$$c = \sqrt{a^2 + b^2}$$

Länge der Katheten

$$a = \sqrt{c^2 - b^2}$$

$$b = \sqrt{c^2 - a^2}$$

Winkelfunktionen

Winkelfunktionen im rechtwinkligen Dreieck

Bezeichnungen im rechtwinkligen Dreieck

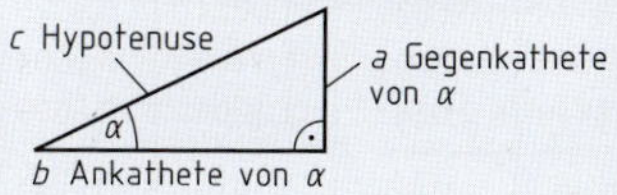

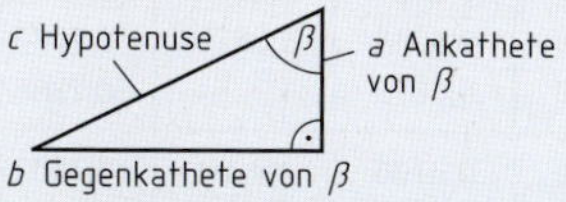

Bezeichnungen der Seitenverhältnisse	Anwendung für ∢ α	Anwendung für ∢ β
Sinus = $\frac{\text{Gegenkathete}}{\text{Hypotenuse}}$	$\sin \alpha = \frac{a}{c}$	$\sin \beta = \frac{b}{c}$
Kosinus = $\frac{\text{Ankathete}}{\text{Hypotenuse}}$	$\cos \alpha = \frac{b}{c}$	$\cos \beta = \frac{a}{c}$
Tangens = $\frac{\text{Gegenkathete}}{\text{Ankathete}}$	$\tan \alpha = \frac{a}{b}$	$\tan \beta = \frac{b}{a}$
Kotangens = $\frac{\text{Ankathete}}{\text{Gegenkathete}}$	$\cot \alpha = \frac{b}{a}$	$\cot \beta = \frac{a}{b}$

Beziehungen zwischen den Funktionen eines Winkels

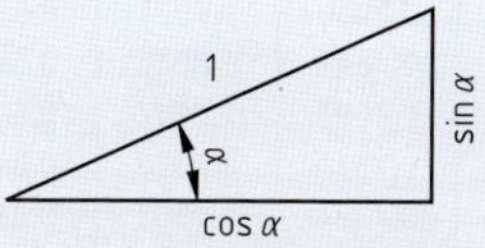

$\sin^2 \alpha + \cos^2 \alpha = 1$	$\tan \alpha \cdot \cot \alpha = 1$
$\tan \alpha = \frac{\sin \alpha}{\cos \alpha}$	$\cot \alpha = \frac{\cos \alpha}{\sin \alpha}$

Arcus-Funktion[1] Schreibweise	Beispiel
Arcus-Sinus asin, arcsin, $\sin^{-1}$	$\sin \alpha = 0{,}5 \rightarrow \arcsin 0{,}5 = 30°$ Winkel $\alpha = 30°$
Arcus-Cosinus acos, arccos, $\cos^{-1}$	$\cos \beta = 0{,}5 \rightarrow \arccos 0{,}5 = 60°$ Winkel $\beta = 60°$
Arcus-Tangens atan, arctan, $\tan^{-1}$	$\tan \gamma = 1{,}0 \rightarrow \arctan 1{,}0 = 45°$ Winkel $\gamma = 45°$

[1] lat. arcus: der Bogen

Die Berechnung eines Winkels erfolgt mit der Arcus-Funktion[1] (Umkehrfunktion oder Inverse Funktion) aus der Winkelfunktion. Sie beschreibt die Weite eines Winkels in Grad (°) oder als Bogenmaß (rad).

Winkelfunktionen im schiefwinkligen Dreieck

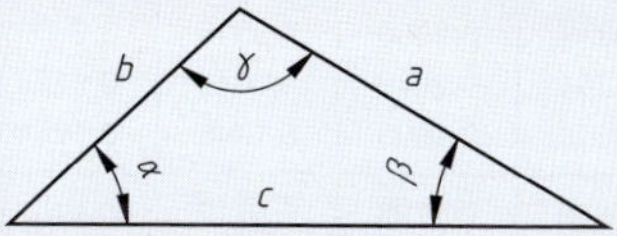

Sinussatz

$$a : b : c = \sin \alpha : \sin \beta : \sin \gamma$$

$$\frac{a}{\sin\alpha} = \frac{b}{\sin\beta} = \frac{c}{\sin\gamma}$$

$$a = \frac{b \cdot \sin\alpha}{\sin\beta} = \frac{c \cdot \sin\alpha}{\sin\gamma}$$

$$b = \frac{a \cdot \sin\beta}{\sin\alpha} = \frac{c \cdot \sin\beta}{\sin\gamma}$$

$$c = \frac{b \cdot \sin\gamma}{\sin\beta} = \frac{a \cdot \sin\gamma}{\sin\alpha}$$

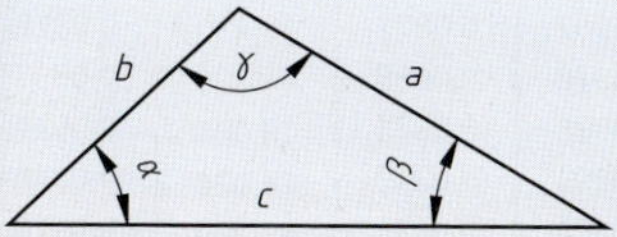

Kosinussatz

$$a^2 = b^2 + c^2 - 2 \cdot b \cdot c \cdot \cos \alpha$$

$$b^2 = a^2 + c^2 - 2 \cdot a \cdot c \cdot \cos \beta$$

$$c^2 = a^2 + b^2 - 2 \cdot a \cdot b \cdot \cos \gamma$$

$$\cos\alpha = \frac{b^2 + c^2 - a^2}{2 \cdot bc}$$

$$\cos\beta = \frac{a^2 + c^2 - b^2}{2 \cdot ac}$$

$$\cos\gamma = \frac{a^2 + b^2 - c^2}{2 \cdot ab}$$

Werte der Winkelfunktionen

Grad	sin	cos	tan	cot	Grad	sin	cos	tan	cot
0°	0,0000	1,0000	0,0000	∞	45°	0,7071	0,7071	1,0000	1,0000
1°	0,0175	0,9999	0,0175	57,290	46°	0,7193	0,6947	1,0355	0,9657
2°	0,0349	0,9994	0,0349	28,636	47°	0,7314	0,6820	1,0724	0,9325
3°	0,0523	0,9986	0,0524	19,081	48°	0,7431	0,6691	1,1106	0,9004
4°	0,0698	0,9976	0,0699	14,301	49°	0,7547	0,6561	1,1504	0,8693
5°	0,0872	0,9962	0,0875	11,430	50°	0,7660	0,6428	1,1918	0,8391
6°	0,1045	0,9945	0,1051	9,5144	51°	0,7771	0,6293	1,2349	0,8098
7°	0,1219	0,9925	0,1228	8,1443	52°	0,7880	0,6157	1,2799	0,7813
8°	0,1392	0,9903	0,1405	7,1154	53°	0,7986	0,6018	1,3270	0,7536
9°	0,1564	0,9877	0,1584	6,3138	54°	0,8090	0,5878	1,3764	0,7265
10°	0,1736	0,9848	0,1763	5,6713	55°	0,8192	0,5736	1,4281	0,7002
11°	0,1908	0,9816	0,1944	5,1446	56°	0,8290	0,5592	1,4826	0,6745
12°	0,2079	0,9781	0,2126	4,7046	57°	0,8387	0,5446	1,5399	0,6494
13°	0,2250	0,9744	0,2309	4,3315	58°	0,8480	0,5299	1,6003	0,6249
14°	0,2419	0,9703	0,2493	4,0108	59°	0,8572	0,5150	1,6643	0,6009
15°	0,2588	0,9659	0,2679	3,7321	60°	0,8660	0,5000	1,7321	0,5774
16°	0,2756	0,9613	0,2867	3,4874	61°	0,8746	0,4848	1,8040	0,5543
17°	0,2924	0,9563	0,3057	3,2709	62°	0,8829	0,4695	1,8807	0,5317
18°	0,3090	0,9511	0,3249	3,0777	63°	0,8910	0,4540	1,9626	0,5095
19°	0,3256	0,9455	0,3443	2,9042	64°	0,8988	0,4384	2,0503	0,4877
20°	0,3420	0,9397	0,3640	2,7475	65°	0,9063	0,4226	2,1445	0,4663
21°	0,3584	0,9336	0,3839	2,6051	66°	0,9135	0,4067	2,2460	0,4452
22°	0,3746	0,9272	0,4040	2,4751	67°	0,9205	0,3907	2,3559	0,4245
23°	0,3907	0,9205	0,4245	2,3559	68°	0,9272	0,3746	2,4751	0,4040
24°	0,4067	0,9135	0,4452	2,2460	69°	0,9336	0,3584	2,6051	0,3839
25°	0,4226	0,9063	0,4663	2,1445	70°	0,9397	0,3420	2,7475	0,3640
26°	0,4384	0,8988	0,4877	2,0503	71°	0,9455	0,3256	2,9042	0,3443
27°	0,4540	0,8910	0,5095	1,9626	72°	0,9511	0,3090	3,0777	0,3249
28°	0,4695	0,8829	0,5317	1,8807	73°	0,9563	0,2924	3,2709	0,3057
29°	0,4848	0,8746	0,5543	1,8040	74°	0,9613	0,2756	3,4874	0,2867
30°	0,5000	0,8660	0,5774	1,7321	75°	0,9659	0,2588	3,7321	0,2679
31°	0,5150	0,8572	0,6009	1,6643	76°	0,9703	0,2419	4,0108	0,2493
32°	0,5299	0,8480	0,6249	1,6003	77°	0,9744	0,2250	4,3315	0,2309
33°	0,5446	0,8387	0,6494	1,5399	78°	0,9781	0,2079	4,7046	0,2126
34°	0,5592	0,8290	0,6745	1,4826	79°	0,9816	0,1908	5,1446	0,1944
35°	0,5736	0,8192	0,7002	1,4281	80°	0,9848	0,1736	5,6713	0,1763
36°	0,5878	0,8090	0,7265	1,3764	81°	0,9877	0,1564	6,3138	0,1584
37°	0,6018	0,7986	0,7536	1,3270	82°	0,9903	0,1392	7,1154	0,1405
38°	0,6157	0,7880	0,7813	1,2799	83°	0,9925	0,1219	8,1443	0,1228
39°	0,6293	0,7771	0,8098	1,2349	84°	0,9945	0,1045	9,5144	0,1051
40°	0,6428	0,7660	0,8391	1,1918	85°	0,9962	0,0872	11,430	0,0875
41°	0,6561	0,7547	0,8693	1,1504	86°	0,9976	0,0698	14,301	0,0699
42°	0,6691	0,7431	0,9004	1,1106	87°	0,9986	0,0523	19,081	0,0524
43°	0,6820	0,7314	0,9325	1,0724	88°	0,9994	0,0349	28,636	0,0349
44°	0,6947	0,7193	0,9657	1,0355	89°	0,9999	0,0175	57,290	0,0175
45°	0,7071	0,7071	1,0000	1,0000	90°	1,0000	0,0000	∞	0,0000

Schlussrechnung, Prozentrechnung, Zinsrechnung

Schlussrechnung

Dreisatz für direkt proportionale Verhältnisse

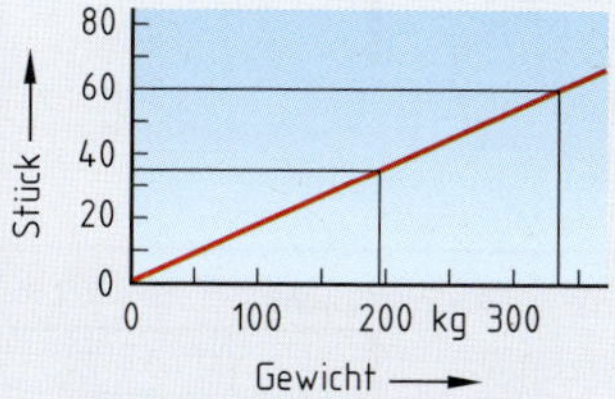

Beispiel:

60 Rohrkrümmer wiegen 330 kg. Wie groß ist das Gewicht von 35 Rohrkrümmern?

1. Satz: Behauptung — 60 Rohrkrümmer wiegen 330 kg

2. Satz: Berechnung der Einheit: durch Dividieren

1 Rohrkrümmer wiegt $\frac{330\text{ kg}}{60}$

3. Satz: Berechnung der Mehrheit: durch Multiplizieren

35 Rohrkrümmer wiegen $\frac{330\text{ kg} \cdot 35}{60} = \mathbf{192{,}5\text{ kg}}$

Dreisatz für indirekt proportionale Verhältnisse

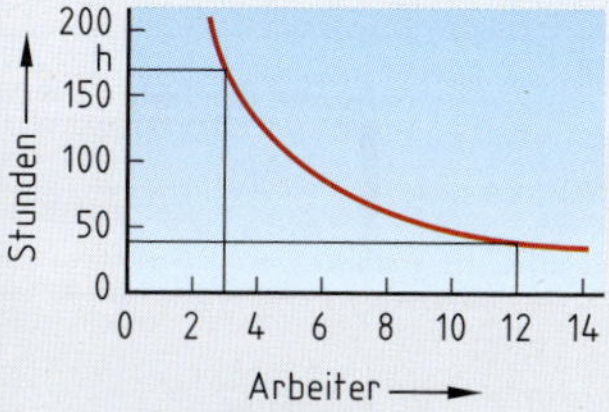

Beispiel:

3 Arbeiter benötigen für einen Auftrag 170 Stunden. Wie viele Stunden benötigen 12 Arbeiter für den gleichen Auftrag?

1. Satz: Behauptung — 3 Arbeiter benötigen 170 Stunden

2. Satz: Berechnung der Einheit: durch Multiplizieren

1 Arbeiter benötigt 3 · 170 h

3. Satz: Berechnung der Mehrheit: durch Dividieren

12 Arbeiter benötigen $\frac{3 \cdot 170\text{ h}}{12} = \mathbf{42{,}5\text{ h}}$

Prozentrechnung

Der **Prozentsatz** gibt an, wie viel Prozent gerechnet werden sollen.
Der **Grundwert** ist der Wert, von dem die Prozente zu rechnen sind.
Der **Prozentwert** ist der Betrag, den die Prozente des Grundwertes ergeben.

P_s	Prozentsatz, Prozent	%
P_w	Prozentwert	–
G_w	Grundwert	–

Prozentwert

$$P_w = \frac{G_w \cdot P_s}{100\,\%}$$

Zinsrechnung

K_0	Anfangskapital	EUR (€)
K_t	Endkapital	EUR (€)
Z	Zinsen	EUR (€)
p	Zinssatz pro Jahr	%/a
t	Laufzeit in Tagen, Verzinsungszeit	d

1 Zinsjahr (1 a) = 360 Tage (360 d)
360 d = 12 Monate
1 Zinsmonat = 30 Tage

Zins

$$Z = \frac{K_0 \cdot p \cdot t}{100\,\% \cdot 360}$$

Zinseszinsrechnung bei Einmalzahlung

K_0	Anfangskapital	EUR (€)
K_n	Endkapital	EUR (€)
Z	Zinsen	EUR (€)

n	Laufzeit in Jahren	a
q	Aufzinsungsfaktor	–
p	Zinssatz pro Jahr	%

Endkapital

$$K_n = K_0 \cdot q^n$$

Aufzinsungsfaktor

$$q = 1 + \frac{p}{100\,\%}$$

Längen

Teilung von Längen

Randabstand = Teilung

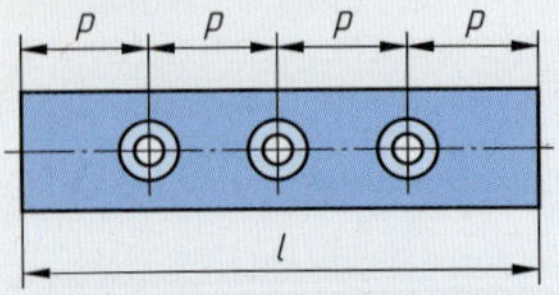

l	Gesamtlänge	mm
p	Teilung	mm
n	Anzahl der Bohrungen, Sägeschnitte …	–

Teilung

$$p = \frac{l}{n+1}$$

$$l = p \cdot (n+1)$$

Randabstand ≠ Teilung

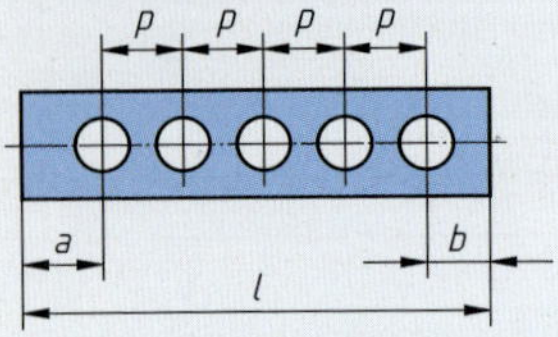

l	Gesamtlänge	mm
p	Teilung	mm
n	Anzahl der Bohrungen, Sägeschnitte …	–
a, b	Randabstände	mm

Teilung

$$p = \frac{l - (a+b)}{n-1}$$

$$l = p \cdot (n-1) + a + b$$

$$n = \frac{l - (a+b)}{p} + 1$$

Trennen von Teilstücken

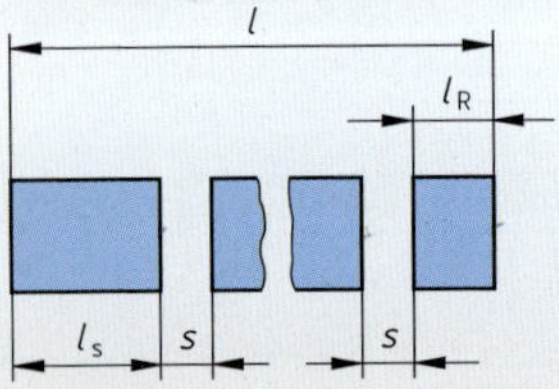

l	Stablänge	mm
l_s	Länge eines Teiles	mm
z	Anzahl der Teile	–
s	Breite der Sägeschnitte	mm
l_R	Restlänge	mm

Anzahl der Teile

$$z = \frac{l}{l_s + s}$$

$$l = z \cdot (l_s + s)$$

Restlänge

$$l_R = l - z \cdot (l_s + s)$$

Gestreckte Länge kreisförmiger Bauteile

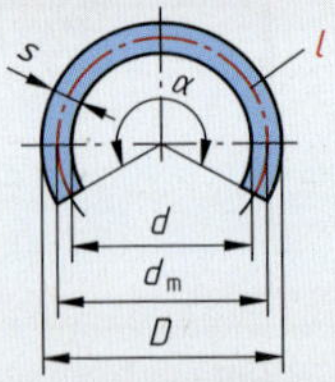

l	gestreckte Länge	mm
d	Innendurchmesser	mm
d_m	mittlerer Durchmesser	mm
D	Außendurchmesser	mm
α	Mittelpunktswinkel	°
s	Dicke	mm

Gestreckte Länge

$$l = \frac{\pi \cdot d_m \cdot \alpha}{360°}$$

$$d_m = \frac{D + d}{2}$$

Außendurchmesser von Vierkant- und Sechskant-Profilen

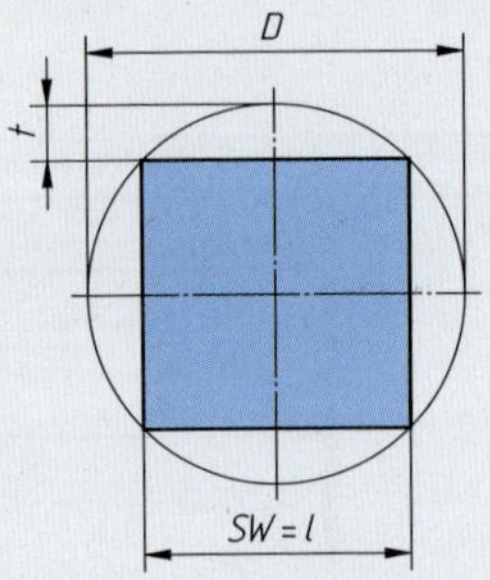

D	Außendurchmesser	mm
SW	Schlüsselweite	mm
t	Frästiefe	mm
l	Seitenlänge	mm

Frästiefe

$$t = \frac{D - SW}{2}$$

Vierkant	Sechskant	Achtkant	Zwölfkant
$D = \frac{SW}{\cos 45°}$	$D = \frac{SW}{\cos 30°}$	$D = \frac{SW}{\cos 22{,}5°}$	$D = \frac{SW}{\cos 15°}$
$A = SW^2$	$A \approx 0{,}867 \cdot SW^2$	$A \approx 0{,}828 \cdot SW^2$	$A \approx 0{,}804 \cdot SW^2$

Flächen

Quadrat

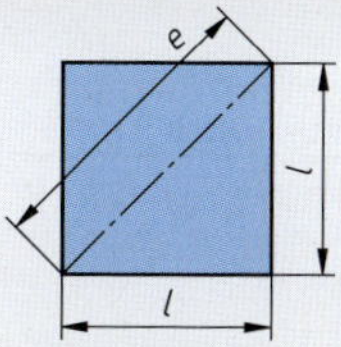

A	Fläche	mm²
l	Seitenlänge	mm
e	Eckenmaß	mm

Fläche

$$A = l^2$$

$$l = \sqrt{A}$$

Eckenmaß

$$e = \sqrt{2} \cdot l$$

Rhombus (Raute)

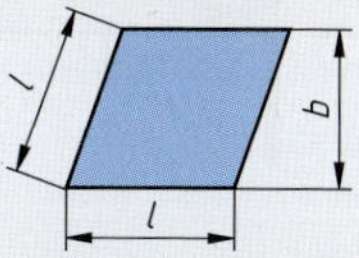

A	Fläche	mm²
l	Seitenlänge	mm
b	Breite	mm

Fläche

$$A = l \cdot b$$

$$l = \frac{A}{b}$$

Rechteck

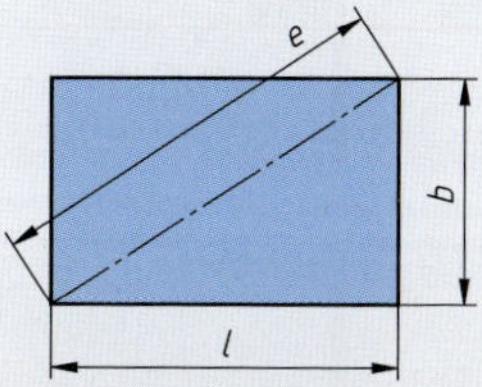

A	Fläche	mm²
l	Länge	mm
b	Breite	mm
e	Eckenmaß	mm

Fläche

$$A = l \cdot b$$

$$l = \frac{A}{b}$$

Eckenmaß

$$e = \sqrt{l^2 + b^2}$$

Rhomboid (Parallelogramm)

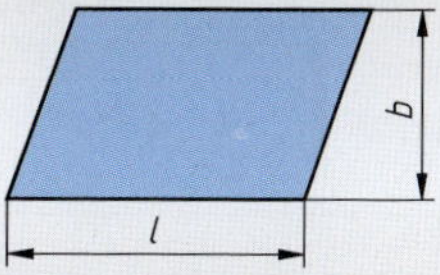

A	Fläche	mm²
l	Länge	mm
b	Breite	mm

Fläche

$$A = l \cdot b$$

$$l = \frac{A}{b}$$

Trapez

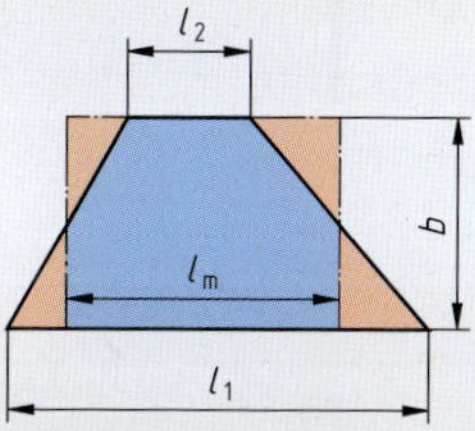

A	Fläche	mm²
l_1	große Länge	mm
l_2	kleine Länge	mm
l_m	mittlere Länge	mm
b	Breite	mm

Fläche

$$A = \frac{l_1 + l_2}{2} \cdot b$$

$$A = l_m \cdot b$$

Mittlere Länge

$$l_m = \frac{l_1 + l_2}{2}$$

Dreieck

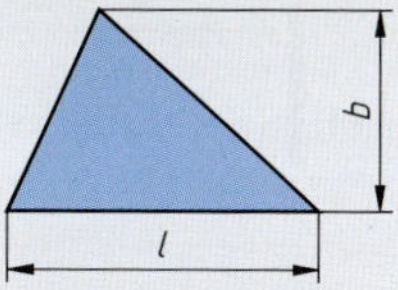

A	Fläche	mm²
l	Seitenlänge	mm
b	Breite	mm

Fläche

$$A = \frac{l \cdot b}{2}$$

$$l = \frac{2 \cdot A}{b} \qquad b = \frac{2 \cdot A}{l}$$

Flächen

Gleichseitiges Dreieck

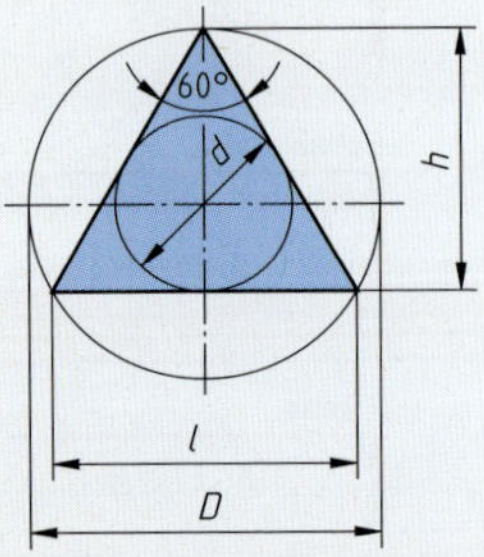

A	Fläche	mm²
l	Seitenlänge	mm
D	Durchmesser des Umkreises	mm
d	Durchmesser des Inkreises	mm
h	Höhe	mm

Durchmesser des Umkreises

$$D = \frac{2}{3} \cdot \sqrt{3} \cdot l = 2 \cdot d$$

Fläche

$$A = \frac{1}{4} \cdot \sqrt{3} \cdot l^2$$

Durchmesser des Inkreises

$$d = \frac{1}{3} \cdot \sqrt{3} \cdot l = \frac{D}{2}$$

Höhe

$$h = \frac{1}{2} \cdot \sqrt{3} \cdot l$$

Regelmäßiges Vieleck

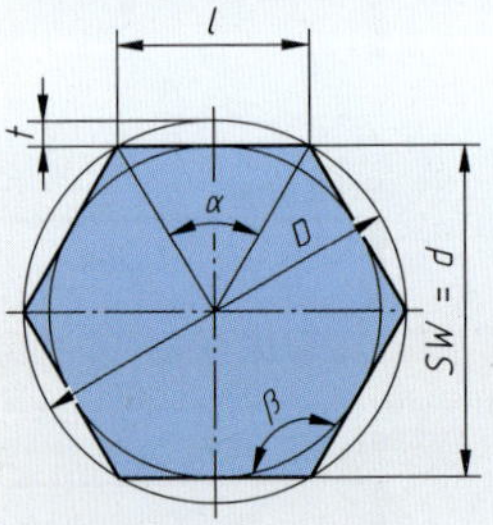

A	Fläche	mm²
l	Seitenlänge	mm
D	Durchmesser des Umkreises	mm
d	Durchmesser des Inkreises	mm
SW	Schlüsselweite	mm
n	Eckenzahl	–
α	Mittelpunktswinkel	°
β	Eckenwinkel	°

Mittelpunktswinkel

$$\alpha = \frac{360°}{n}$$

Fläche

$$A = \frac{n \cdot l \cdot d}{4}$$

Eckenwinkel

$$\beta = 180° - \alpha$$

Seitenlänge

$$l = D \cdot \sin\left(\frac{180°}{n}\right)$$

Durchmesser des Inkreises

$$d = \sqrt{D^2 - l^2}$$

Kreis

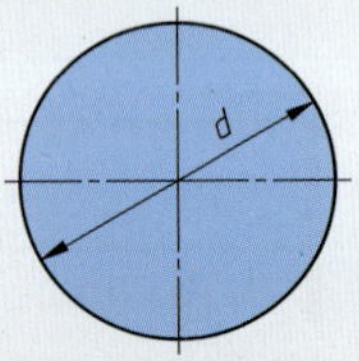

A	Fläche	mm²
d	Durchmesser	mm
U	Umfang	mm

Umfang

$$U = \pi \cdot d$$

$$d = \frac{U}{\pi}$$

Fläche

$$A = \frac{\pi \cdot d^2}{4}$$

$$d = \sqrt{\frac{4 \cdot A}{\pi}}$$

Kreisausschnitt

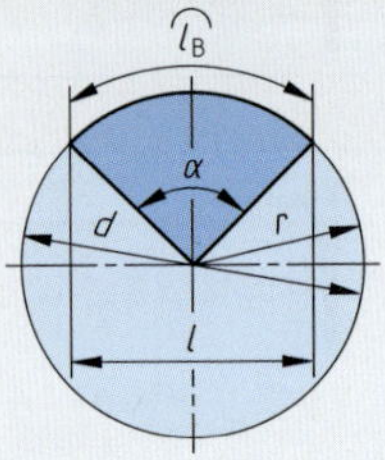

A	Fläche	mm²
d	Durchmesser	mm
l_B	Bogenlänge	mm
l	Sehnenlänge	mm
r	Radius	mm
α	Mittelpunktswinkel	°

Sehnenlänge

$$l = 2 \cdot r \cdot \sin\frac{\alpha}{2}$$

Bogenlänge

$$l_B = \frac{\pi \cdot r \cdot \alpha}{180°}$$

Fläche

$$A = \frac{\pi \cdot d^2}{4} \cdot \frac{\alpha}{360°}$$

$$A = \frac{l_B \cdot r}{2}$$

Flächen

Kreisabschnitt

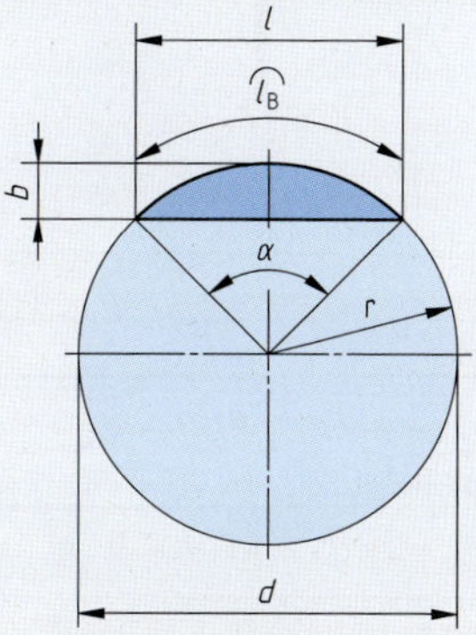

A	Fläche	mm²
d	Durchmesser	mm
r	Radius	mm
l_B	Bogenlänge	mm
l	Sehnenlänge	mm
b	Breite	mm
α	Mittelpunktswinkel	°

Fläche

$$A = \frac{\pi \cdot d^2}{4} \cdot \frac{\alpha}{360°} - \frac{l \cdot (r-b)}{2}$$

$$A = \frac{l_B \cdot r - l \cdot (r-b)}{2}$$

Bogenlänge

$$l_B = \frac{\pi \cdot r \cdot \alpha}{180°}$$

Breite

$$b = \frac{l}{2} \cdot \tan\frac{\alpha}{4}$$

$$b = r - \sqrt{r^2 - \frac{l^2}{4}}$$

Sehnenlänge

$$l = 2 \cdot r \cdot \sin\frac{\alpha}{2}$$

$$l = 2 \cdot \sqrt{b \cdot (2 \cdot r - b)}$$

Radius

$$r = \frac{b}{2} + \frac{l^2}{8 \cdot b}$$

Kreisring

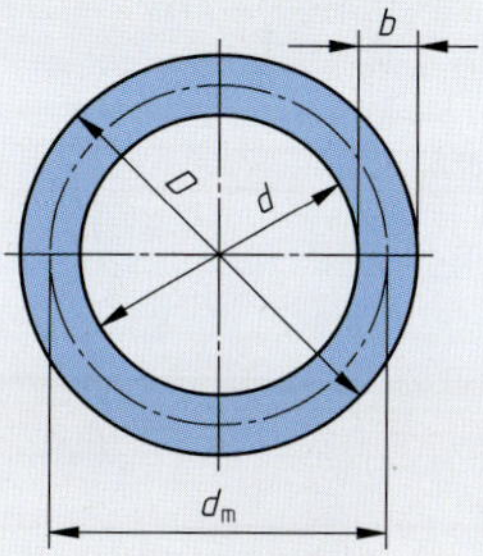

A	Fläche	mm²
D	Außendurchmesser	mm
d	Innendurchmesser	mm
d_m	mittlerer Durchmesser	mm
b	Breite	mm

Fläche

$$A = \pi \cdot d_m \cdot b$$

$$A = \frac{\pi}{4} \cdot (D^2 - d^2)$$

$$D = \sqrt{\frac{4 \cdot A}{\pi} + d^2}$$

Kreisringausschnitt

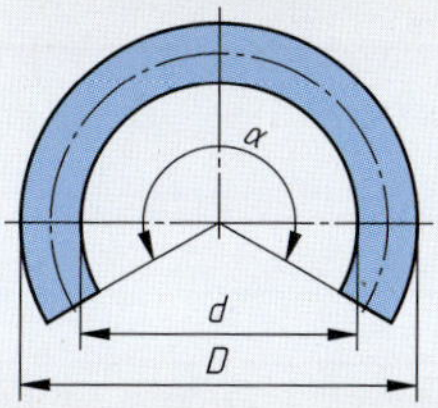

A	Fläche	mm²
D	Außendurchmesser	mm
d	Innendurchmesser	mm
α	Mittelpunktswinkel	°

Fläche

$$A = \frac{\pi \cdot \alpha}{4 \cdot 360°} \cdot (D^2 - d^2)$$

Zusammengesetzte Flächen

Beispiel: 3 Teilflächen

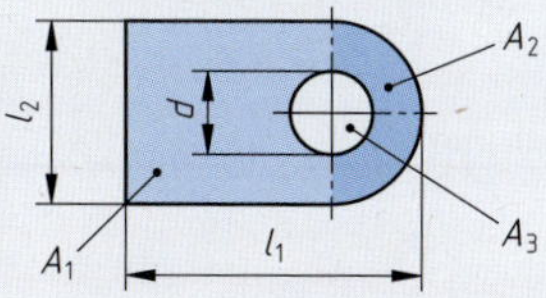

Die Gesamtfläche erhält man durch Addieren bzw. Subtrahieren der Teilflächen.

A	Gesamtfläche	mm²
A_1, A_2, A_3	Teilflächen	mm²
l_1, l_2	Längen	mm
d	Durchmesser	mm

Gesamtfläche

$$A = A_1 + A_2 - A_3$$

Volumen, Oberfläche

Würfel

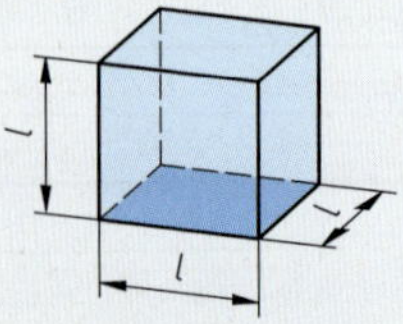

V	Volumen	mm³
A_O	Oberfläche	mm²
l	Seitenlänge	mm

Volumen

$$V = l^3$$

$$l = \sqrt[3]{V}$$

Oberfläche

$$A_O = 6 \cdot l^2$$

$$l = \sqrt{\frac{A_O}{6}}$$

Vierkantprisma, Quader

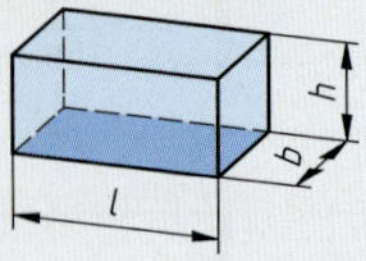

V	Volumen	mm³
A_O	Oberfläche	mm²
l	Seitenlänge	mm
h	Höhe	mm
b	Breite	mm

Volumen

$$V = l \cdot b \cdot h$$

Oberfläche

$$A_O = 2 \cdot (l \cdot b + l \cdot h + b \cdot h)$$

Zylinder

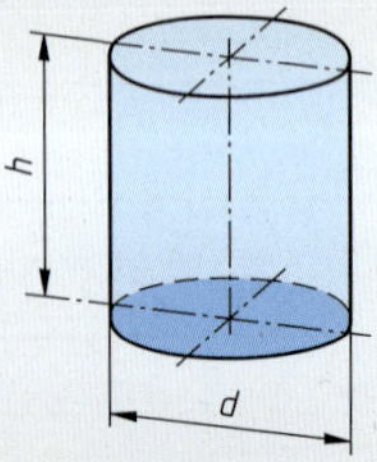

V	Volumen	mm³
A_O	Oberfläche	mm²
A_M	Mantelfläche	mm²
d	Durchmesser	mm
h	Höhe	mm

Mantelfläche

$$A_M = \pi \cdot d \cdot h$$

Volumen

$$V = \frac{\pi \cdot d^2}{4} \cdot h$$

Oberfläche

$$A_O = \pi \cdot d \cdot h + 2 \cdot \frac{\pi \cdot d^2}{4}$$

Hohlzylinder

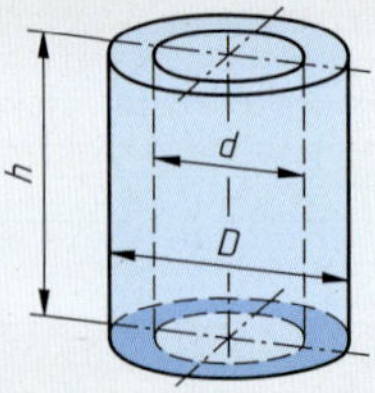

V	Volumen	mm³
A_O	Oberfläche	mm²
D, d	Durchmesser	mm
h	Höhe	mm

Volumen

$$V = \frac{\pi \cdot h}{4} \cdot (D^2 - d^2)$$

Oberfläche

$$A_O = \pi \cdot (D + d) \cdot \left[\frac{1}{2} \cdot (D - d) + h\right]$$

Pyramide

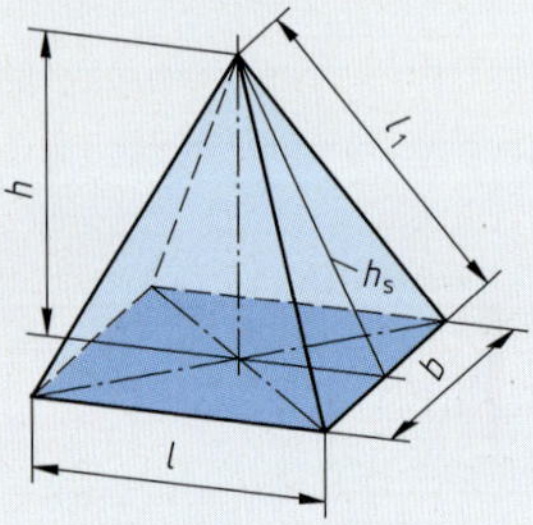

V	Volumen	mm³
h	Höhe	mm
h_s	Mantelhöhe	mm
l	Seitenlänge	mm
l_1	Kantenlänge	mm
b	Breite	mm

Volumen

$$V = \frac{l \cdot b \cdot h}{3}$$

Kantenlänge

$$l_1 = \sqrt{h_s^2 + \frac{b^2}{4}}$$

Mantelhöhe

$$h_s = \sqrt{h^2 + \frac{l^2}{4}}$$

Volumen, Oberfläche

Pyramidenstumpf

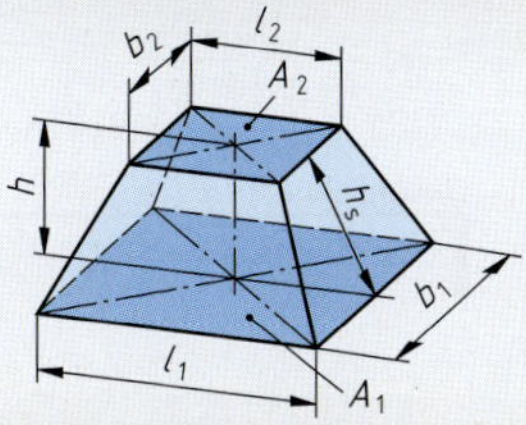

V	Volumen	mm³
A_1	Grundfläche	mm²
A_2	Deckfläche	mm²
h	Höhe	mm
h_s	Mantelhöhe	mm
l_1, l_2	Seitenlänge	mm
b_1, b_2	Breite	mm

Volumen

$$V = \frac{h}{3} \cdot (A_1 + A_2 + \sqrt{A_1 \cdot A_2})$$

Mantelhöhe

$$h_s = \sqrt{h^2 + \left(\frac{l_1 - l_2}{2}\right)^2}$$

Kegel

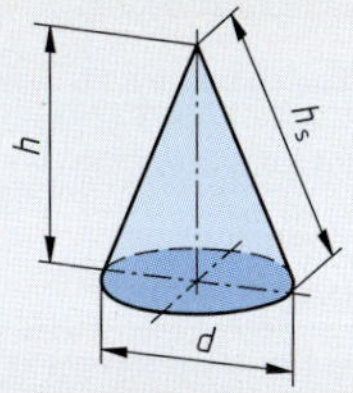

V	Volumen	mm³
A_M	Mantelfläche	mm²
d	Durchmesser	mm
h	Höhe	mm
h_s	Mantelhöhe	mm

Volumen

$$V = \frac{\pi \cdot d^2}{4} \cdot \frac{h}{3}$$

Mantelfläche

$$A_M = \frac{\pi \cdot d \cdot h_s}{2}$$

Mantelhöhe

$$h_s = \sqrt{\frac{d^2}{4} + h^2}$$

Kegelstumpf

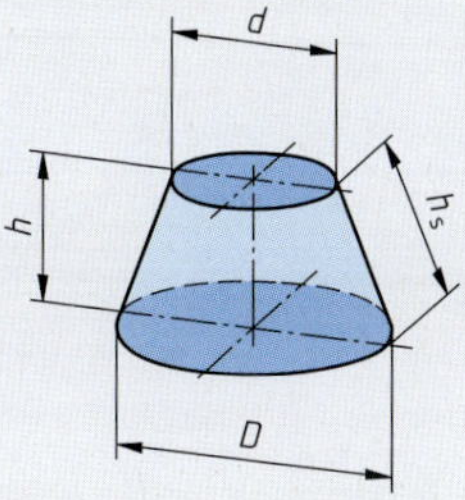

V	Volumen	mm³
A_M	Mantelfläche	mm²
D	großer Durchmesser	mm
d	kleiner Durchmesser	mm
h	Höhe	mm
h_s	Mantelhöhe	mm

Volumen

$$V = \frac{\pi \cdot h}{12} \cdot (D^2 + d^2 + D \cdot d)$$

Mantelfläche

$$A_M = \frac{\pi \cdot h_s}{2} \cdot (D + d)$$

Mantelhöhe

$$h_s = \sqrt{h^2 + \left(\frac{D-d}{2}\right)^2}$$

Kugel

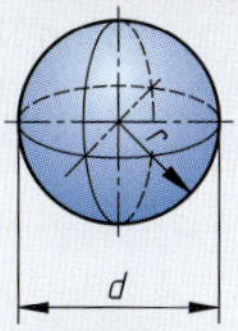

V	Volumen	mm³
A_O	Oberfläche	mm²
d	Kugeldurchmesser	mm

Volumen

$$V = \frac{\pi \cdot d^3}{6}$$

Oberfläche

$$A_O = \pi \cdot d^2$$

Kugelabschnitt

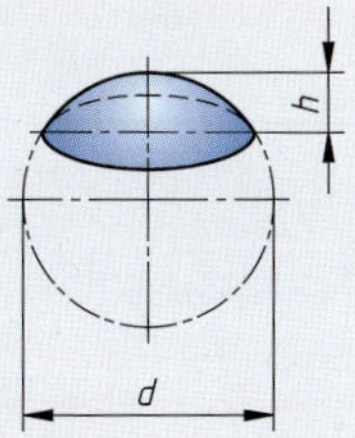

V	Volumen	mm³
A_M	Mantelfläche	mm²
A_O	Oberfläche	mm²
d	Kugeldurchmesser	mm
d_1	kleiner Durchmesser	mm
h	Höhe	mm

Volumen

$$V = \pi \cdot h^2 \cdot \left(\frac{d}{2} - \frac{h}{3}\right)$$

Oberfläche

$$A_O = \pi \cdot h \cdot (2 \cdot d - h)$$

Mantelfläche

$$A_M = \pi \cdot d \cdot h$$

Volumen, Masse

Volumen zusammengesetzter Körper

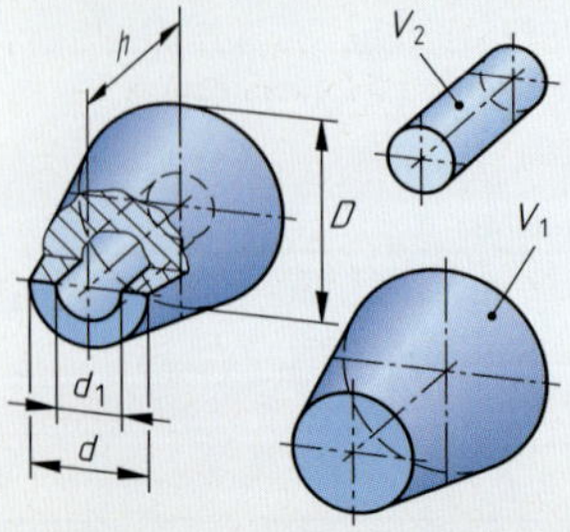

Zusammengesetzte Körper werden zur Berechnung des Gesamtvolumens in Teilvolumen zerlegt.

V	Gesamtvolumen	mm^3
V_1, V_2, V_3 ...	Teilvolumen	mm^3

Gesamtvolumen

$$V = V_1 + V_2 + \ldots - V_3 - V_4$$

Masse, allgemein

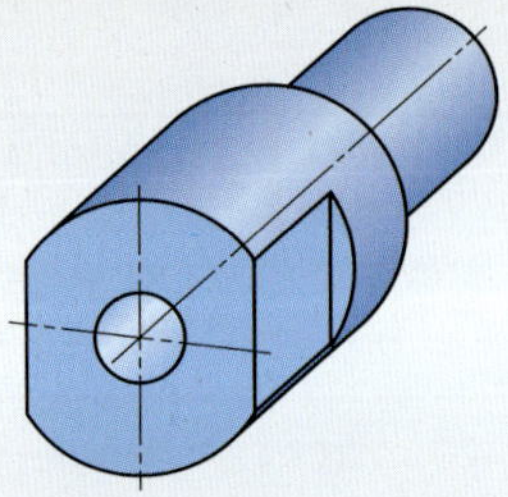

Die Masse eines Körpers wird aus seinem Volumen und seiner Dichte berechnet.

m	Masse	kg
V	Volumen	dm^3
ϱ	Dichte	kg/dm^3

Umrechnung der Einheiten:

$$1\,\frac{t}{m^3} = \mathbf{1\,\frac{kg}{dm^3}} = 1\,\frac{g}{cm^3} = 1\,\frac{mg}{mm^3}$$

Werte für die Dichte siehe Tabellenbuch.

Masse

$$m = V \cdot \varrho$$

$$V = \frac{m}{\varrho}$$

Längenbezogene Masse

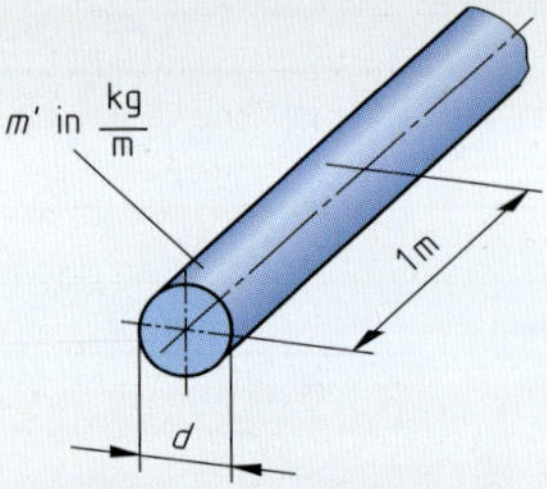

Die Masse von Profilen, Rohren oder Drähten kann auch mithilfe von Tabellenwerten für die längenbezogene Masse m' berechnet werden.

m	Masse	kg
m'	längenbezogene Masse	kg/m
l	Länge	m

Werte für die längenbezogene Masse m' siehe Tabellenbuch.

Masse

$$m = m' \cdot l$$

$$m' = \frac{m}{l}$$

Flächenbezogene Masse

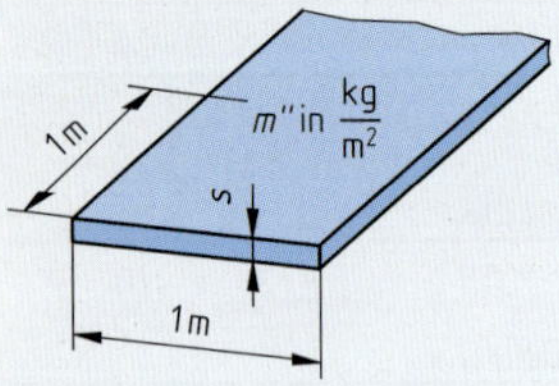

Die Masse von Blechen, Folien oder Belägen kann auch mithilfe von Tabellenwerten für die flächenbezogene Masse m“ berechnet werden.

m	Masse	kg
m''	flächenbezogene Masse	kg/m^2
A	Fläche	m^2

Werte für die flächenbezogene Masse m″ siehe Tabellenbuch.

Masse

$$m = m'' \cdot A$$

$$m'' = \frac{m}{A}$$

Konstante Bewegung, beschleunigte und verzögerte Bewegung

Konstante Bewegung

Geradlinige Bewegung

Weg-Zeit-Schaubild

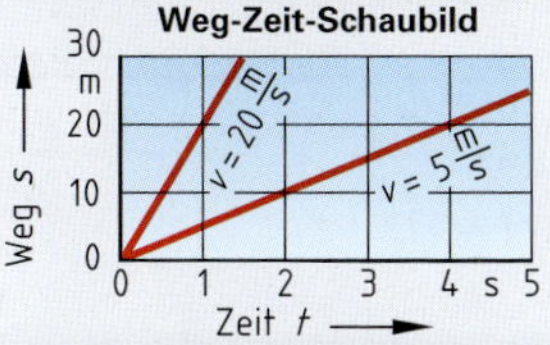

v	Geschwindigkeit	m/s
s	Weg	m
t	Zeit	s

$$1\,\frac{\text{m}}{\text{min}} = \frac{1}{60}\,\frac{\text{m}}{\text{s}} = 0{,}06\,\frac{\text{km}}{\text{h}}$$

$$1\,\frac{\text{m}}{\text{s}} = 60\,\frac{\text{m}}{\text{min}} = 3{,}6\,\frac{\text{km}}{\text{h}}$$

Geschwindigkeit

$$v = \frac{s}{t}$$

$$t = \frac{s}{v} \qquad s = v \cdot t$$

Kreisförmige Bewegung

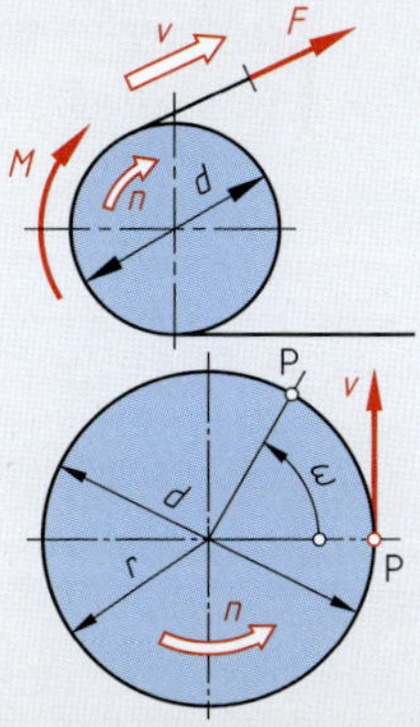

v	Umfangsgeschwindigkeit	m/s
ω	Winkelgeschwindigkeit	1/s
n	Drehzahl, Drehfrequenz	1/s
r	Radius	m
d	Durchmesser	m

Drehzahl

$$\frac{1}{\text{min}} = \frac{1}{60\,\text{s}}; \quad \frac{1}{\text{s}} = \frac{60}{\text{min}}$$

Umfangsgeschwindigkeit

$$1\,\frac{\text{m}}{\text{min}} = \frac{1}{60}\,\frac{\text{m}}{\text{s}}$$

$$1\,\frac{\text{m}}{\text{s}} = 60\,\frac{\text{m}}{\text{min}}$$

Umfangs-geschwindigkeit

$$v = \pi \cdot d \cdot n$$

$$v = \omega \cdot r$$

$$d = \frac{v}{\pi \cdot n} \qquad n = \frac{v}{\pi \cdot d}$$

Winkelgeschwindigkeit

$$\omega = 2 \cdot \pi \cdot n$$

$$n = \frac{\omega}{2 \cdot \pi}$$

Beschleunigte und verzögerte Bewegung

Geradlinig beschleunigte Bewegung

Geschwindigkeit-Zeit-Schaubild

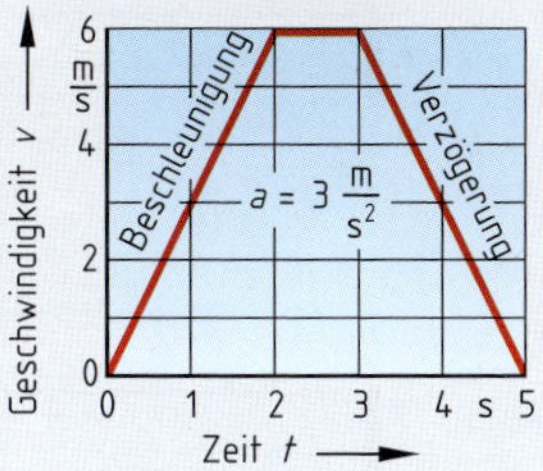

Weg-Zeit-Schaubild

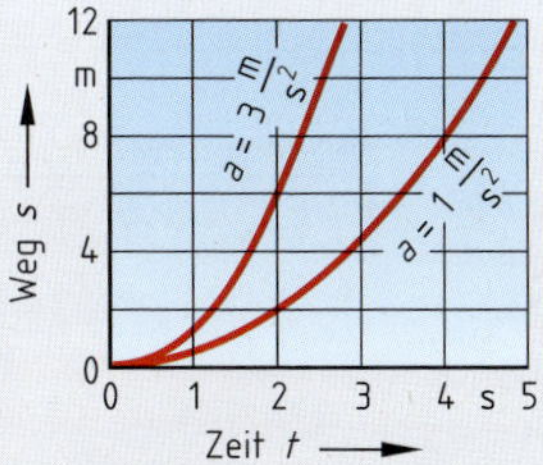

Die Zunahme der Geschwindigkeit je Zeiteinheit heißt Beschleunigung, die Abnahme Verzögerung.

Die Formeln gelten für die Beschleunigung aus dem Stillstand oder die Verzögerung bis zum Stillstand.

v	Endgeschwindigkeit bei Beschleunigung oder Anfangsgeschwindigkeit bei Verzögerung	m/s
s	Beschleunigungs- oder Verzögerungsweg	m
a	Beschleunigung oder Verzögerung	m/s²
t	Beschleunigungs- oder Verzögerungszeit	s
g	Fallbeschleunigung	m/s²

Der freie Fall ist eine gleichmäßig beschleunigte Bewegung, bei der die Fallbeschleunigung g wirksam ist.

$$g = 9{,}81\,\frac{\text{m}}{\text{s}^2} \approx 10\,\frac{\text{m}}{\text{s}^2}$$

End- oder Anfangsgeschwindigkeit

$$v = a \cdot t$$

$$v = \sqrt{2 \cdot a \cdot s}$$

$$a = \frac{v}{t} \qquad t = \frac{v}{a}$$

$$a = \frac{v^2}{2 \cdot s} \qquad s = \frac{v^2}{2 \cdot a}$$

Beschleunigungs- oder Verzögerungsweg

$$s = \frac{1}{2} \cdot v \cdot t$$

$$s = \frac{1}{2} \cdot a \cdot t^2$$

$$v = \frac{2 \cdot s}{t} \qquad t = \frac{2 \cdot s}{v}$$

$$a = \frac{2 \cdot s}{t^2} \qquad t = \sqrt{\frac{2 \cdot s}{a}}$$

Geschwindigkeit an Maschinen

Vorschubgeschwindigkeit, Werkstückgeschwindigkeit

Drehen, Bohren

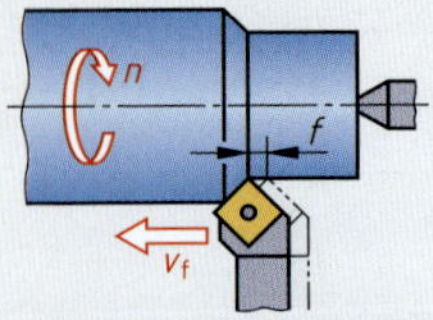

v_f	Vorschubgeschwindigkeit	mm/min
f	Vorschub	mm
n	Drehzahl	1/min

Vorschubgeschwindigkeit

$$v_f = n \cdot f$$

$$f = \frac{v_f}{n}$$

Fräsen

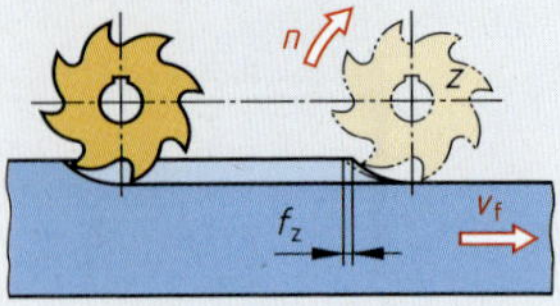

v_f	Vorschubgeschwindigkeit	mm/min
f_z	Vorschub je Schneide	mm
n	Drehzahl	1/min
z	Anzahl der Schneiden	–

Vorschubgeschwindigkeit

$$v_f = n \cdot f_z \cdot z$$

$$f_z = \frac{v_f}{n \cdot z}$$

Gewindetrieb

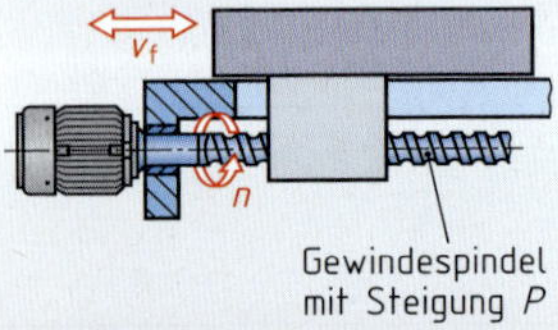

v_f	Vorschubgeschwindigkeit	mm/min
P	Gewindesteigung	mm
n	Drehzahl der Gewindespindel	1/min

Vorschubgeschwindigkeit

$$v_f = n \cdot P$$

$$n = \frac{v_f}{P}$$

Zahnstangentrieb

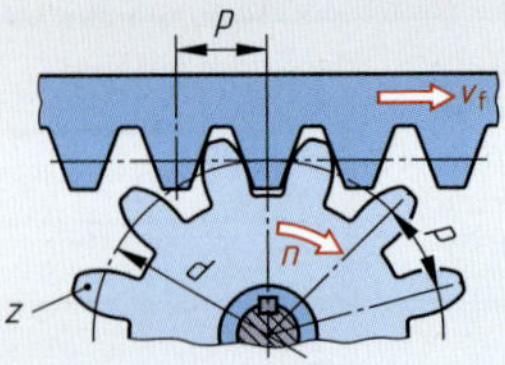

v_f	Vorschubgeschwindigkeit	mm/min
z	Zähnezahl des Ritzels	–
p	Zahnteilung	mm
n	Drehzahl des Ritzels	1/min
d	Teilkreisdurchmesser des Ritzels	mm

Vorschubgeschwindigkeit

$$v_f = n \cdot z \cdot p$$

$$v_f = \pi \cdot d \cdot n$$

$$n = \frac{v_f}{p \cdot z} \qquad n = \frac{v_f}{\pi \cdot d}$$

Schleifen

Längsrundschleifen

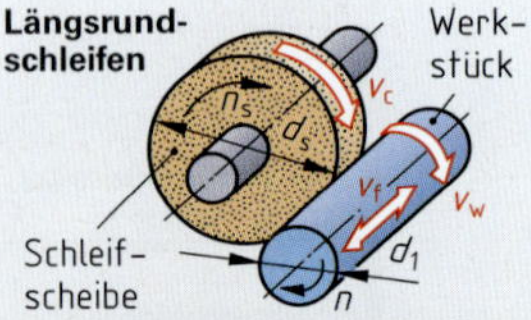

v_w	Werkstückgeschwindigkeit	mm/min
v_f	Vorschubgeschwindigkeit	mm/min
d_1	Durchmesser des Werkstücks	mm
n	Drehzahl des Werkstücks	1/min

Werkstückgeschwindigkeit

$$v_w = \pi \cdot d_1 \cdot n$$

$$n = \frac{v_w}{\pi \cdot d_1}$$

Planschleifen

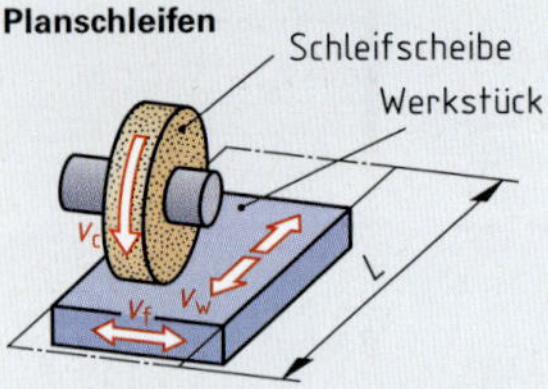

v_w	Werkstückgeschwindigkeit	mm/min
v_f	Vorschubgeschwindigkeit	mm/min
L	Vorschubweg	mm
n_H	Hubzahl (Einzelhübe)	1/min

Werkstückgeschwindigkeit

$$v_w = L \cdot n_H$$

$$n_H = \frac{v_w}{L}$$

Geschwindigkeit an Maschinen, Arten von Kräften

Schnittgeschwindigkeit

Drehen

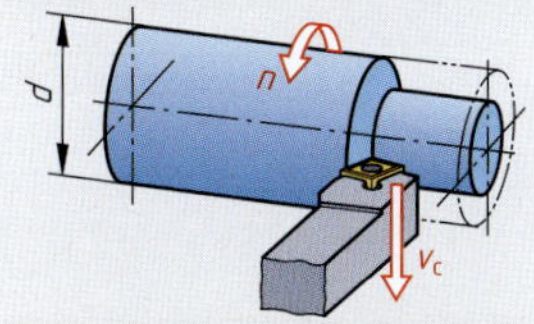

v_c	Schnittgeschwindigkeit	m/min
n	Drehzahl	1/min
d	Durchmesser (Drehen) Scheibendurchmesser (Schleifen) Bohrerdurchmesser (Bohren) Fräserdurchmesser (Fräsen)	m

Schnittgeschwindigkeit

$$v_c = \pi \cdot d \cdot n$$

$$n = \frac{v_c}{\pi \cdot d} \qquad d = \frac{v_c}{\pi \cdot n}$$

Umfangsgeschwindigkeit

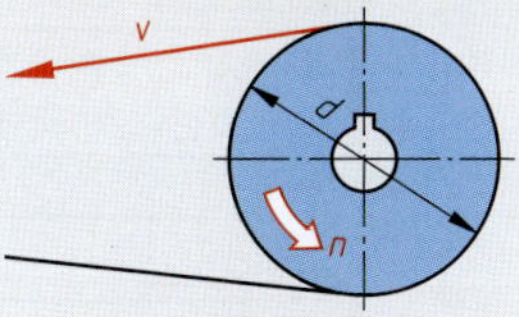

v	Umfangsgeschwindigkeit	m/min
n	Drehzahl	1/min
d	Durchmesser	m

Umfangsgeschwindigkeit

$$v = \pi \cdot d \cdot n$$

$$n = \frac{v}{\pi \cdot d} \qquad d = \frac{v}{\pi \cdot n}$$

Gewichtskraft

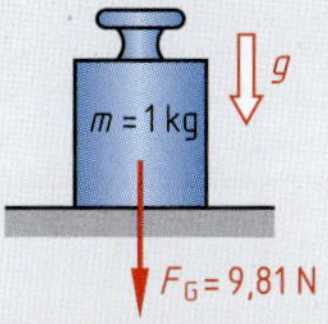

F_G	Gewichtskraft	N
m	Masse	kg
g	Fallbeschleunigung	m/s²

$$g = 9{,}81\ \frac{\text{m}}{\text{s}^2} \approx 10\ \frac{\text{m}}{\text{s}^2}$$

Gewichtskraft

$$F_G = m \cdot g$$

$$m = \frac{F_G}{g}$$

Kräfte bei Beschleunigung und Verzögerung

F	Beschleunigungskraft	N
m	Masse	kg
a	Beschleunigung oder Verzögerung	m/s²

$$1\ \frac{\text{m}}{\text{s}^2} = \frac{1\ \text{m/s}}{1\ \text{s}}$$

Beschleunigungskraft

$$F = m \cdot a$$

$$a = \frac{F}{m} \qquad m = \frac{F}{a}$$

Federkraft

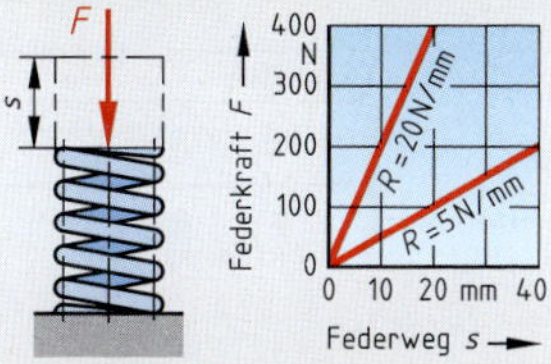

F	Federkraft	N
R	Federrate	N/mm
s	Federweg	mm

Federkraft

$$F = R \cdot s$$

$$R = \frac{F}{s} \qquad s = \frac{F}{R}$$

Fliehkraft

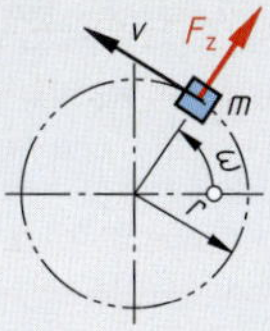

F_z	Fliehkraft	N
m	Masse	kg
r	Radius	m
ω	Winkelgeschwindigkeit	1/s
v	Umfangsgeschwindigkeit	m/s

Umfangsgeschwindigkeit: oben und Seite 17

Fliehkraft

$$F_z = m \cdot r \cdot \omega^2$$

$$F_z = \frac{m \cdot v^2}{r}$$

Kräfte

Darstellung, Resultierende von Kräften, Zerlegung einer Kraft in Teilkräfte

Darstellen von Kräften

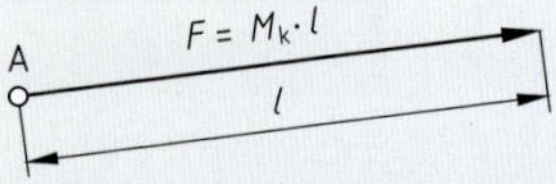

F	Kraft	N
l	Pfeillänge	mm
M_k	Kräftemaßstab	N/mm

Die Einheit der Kraft ist 1 Newton (1 N).

$$1\ \text{N} = 1\ \text{kg} \cdot 1\ \frac{\text{m}}{\text{s}^2} = 1\ \frac{\text{kg} \cdot \text{m}}{\text{s}^2}$$

Pfeillänge

$$l = \frac{F}{M_k}$$

$$M_k = \frac{F}{l} \qquad F = M_k \cdot l$$

Addieren von Kräften auf gleicher Wirkungslinie

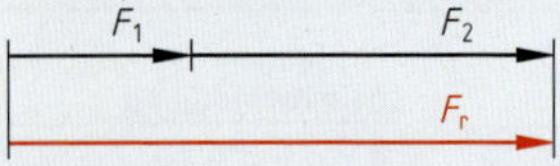

F_1, F_2	Teilkräfte	N
F_r	Resultierende	N

Resultierende

$$F_r = F_1 + F_2$$

Subtrahieren von Kräften auf gleicher Wirkungslinie

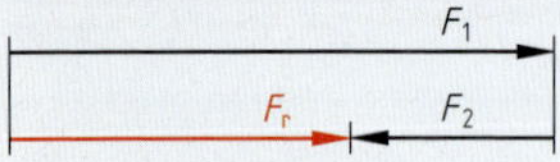

F_1, F_2	Teilkräfte	N
F_r	Resultierende	N

Resultierende

$$F_r = F_1 - F_2$$

Resultierende von Kräften, deren Wirkungslinien sich schneiden (grafisch)

Beispiel: Spannseile

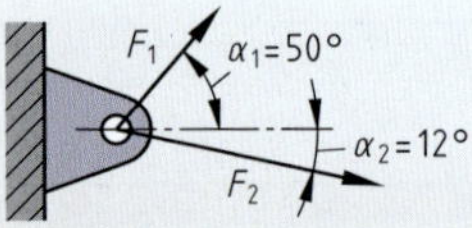

Kräfteplan

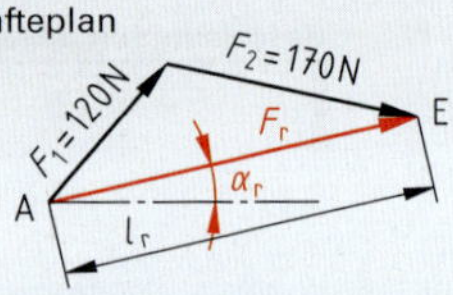

F_1, F_2	Teilkräfte	N
F_r	Resultierende	N
α_1, α_2	Winkel der Teilkräfte	°
α_r	Winkel der Resultierenden	°
l_r	Pfeillänge der Resultierenden	mm
M_k	Kräftemaßstab	N/mm

Resultierende

$$F_r = M_k \cdot l$$

Arbeitsschritte:

1. Kraftpfeile vom Anfangspunkt A bis zum Endpunkt E winkel- und maßstabsgetreu in beliebiger Reihenfolge aneinander fügen.
2. Die Resultierende F_r liegt zwischen den Punkten A und E des Kräfteplans.
3. Betrag der Resultierenden F_r aus l_r und M_k berechnen und Winkellage von F_r ausmessen.

Grafisches Zerlegen einer Kraft in zwei Teilkräfte

Beispiel: schiefe Ebene

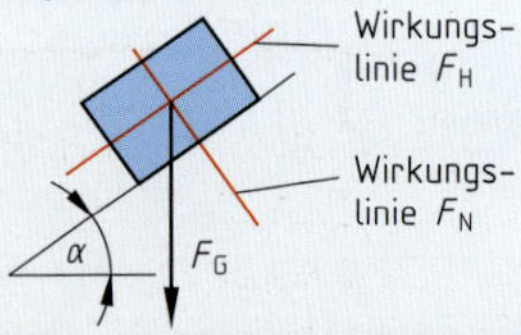

Kräfteplan

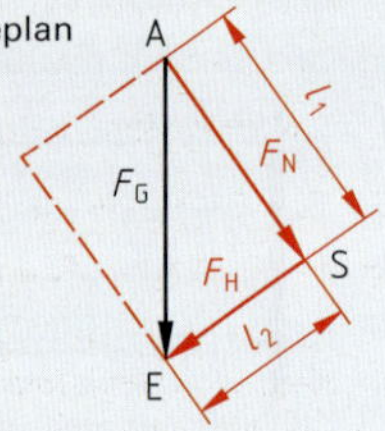

F_G	Kraft, Gewichtskraft	N
F_N, F_H	Teilkräfte, Normalkraft, Hangabtriebskraft	N
α	Neigungswinkel	°
l_1, l_2	Pfeillängen	mm
M_k	Kräftemaßstab	N/mm

Teilkräfte

$$F_1 = M_k \cdot l_1$$

$$F_2 = M_k \cdot l_2$$

Arbeitsschritte:

1. Bekannte Kraft F (= F_G) winkel- und maßstabsgetreu darstellen und Wirkungslinien der gesuchten Teilkräfte durch A und E legen. Diese schneiden sich im Punkt S. Der Linienzug ASE bildet den Kräfteplan.
2. Die Teilkräfte F_1 (= F_N) und F_2 (= F_H) liegen zwischen AS und SE.
3. Beträge der Teilkräfte F_1 (= F_N) und F_2 (= F_H) aus l_1, l_2 und M_k berechnen.

Kräfte

Kraft und Kraftkomponenten im X-Y-Koordinatensystem

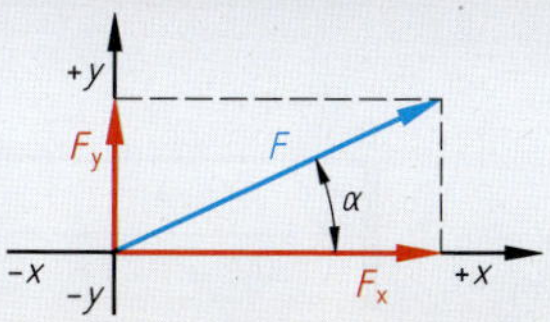

F	Kraft	N
F_x	X-Komponente der Kraft	N
F_y	Y-Komponente der Kraft	N
α	spitzer Winkel zur x-Achse	°

X-, Y-Komponente

$$F_x = F \cdot \cos\alpha$$

$$F_y = F \cdot \sin\alpha$$

Betrag der Kraft

$$F = \sqrt{F_x^2 + F_y^2}$$

Gleichgewicht in der Ebene, Vorzeichenregel, Ermittlung unbekannter Kräfte

Gleichgewicht in der Ebene, Vorzeichenregel

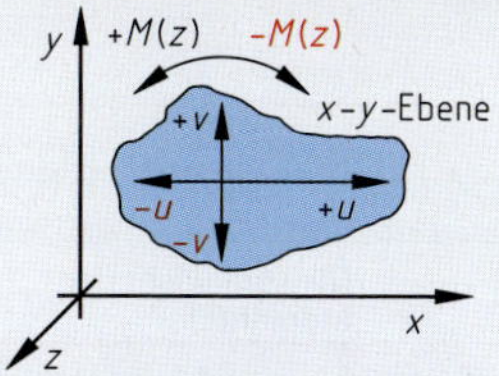

Für eine freie ebene starre Scheibe bestehen drei Bewegungsmöglichkeiten:

u → Verschiebung in ± X-Richtung
v → Verschiebung in ± Y-Richtung
$M_{(z)}$ → Drehung um die Z-Achse

Vorzeichen der Momente:

$M_{(z)}$ linksdrehend = +
$M_{(z)}$ rechtsdrehend = –

Gleichgewichtsbedingungen

$$\Sigma F_x = 0$$

$$\Sigma F_y = 0$$

$$\Sigma M_{(z)} = 0$$

Zentrales Kräftesystem (alle Kräfte haben einen gemeinsamen Schnittpunkt)

Beispiel: Halterung

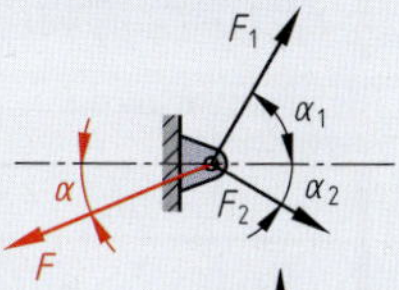

Lageskizze

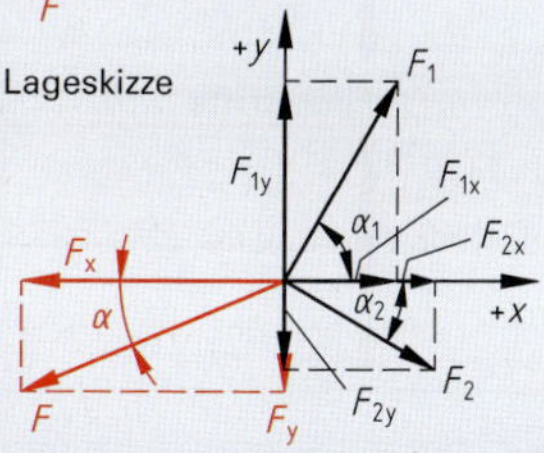

F_1, F_2	bekannte Kräfte	N
F	unbekannte Kraft (Betrag und Wirkrichtung unbekannt)	N
$\alpha, \alpha_1 \ldots \alpha_B$	spitze Winkel zur x-Achse	°
F_x, F_{1x}, F_{2x}	X-Komponenten	N
F_y, F_{1y}, F_{2y}	Y-Komponenten	N

Arbeitsschritte:

1. Kräfte in Komponenten F_x und F_y zerlegen. (Richtung unbekannter Kräfte annehmen)
2. Gleichgewichtsbedingungen formulieren[1].
3. unbekannte Kraft (F) bzw. Kraftkomponenten (F_x, F_y) mit Betrag und Richtung berechnen.

Kräfteplan:

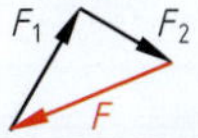

Kräfte im Gleichgewicht bei gleicher Umlaufrichtung und geschlossenem Krafteck.

X-Komponente (Beispiel)
$\Sigma F_x = 0$: $F_{1x} + F_{2x} - F_x = 0$

$$F_x = F_{1x} + F_{2x}$$

Y-Komponente (Beispiel)
$\Sigma F_y = 0$: $F_{1y} - F_{2y} - F_y = 0$

$$F_y = F_{1y} - F_{2y}$$

Betrag der Kraft

$$F = \sqrt{F_x^2 + F_y^2}$$

Winkel der Kraft

$$\alpha = \arctan\frac{|F_y|}{|F_x|}$$

Allgemeines Kräftesystem (kein gemeinsamer Schnittpunkt aller Kräfte)

Beispiel: Welle

Lageskizze

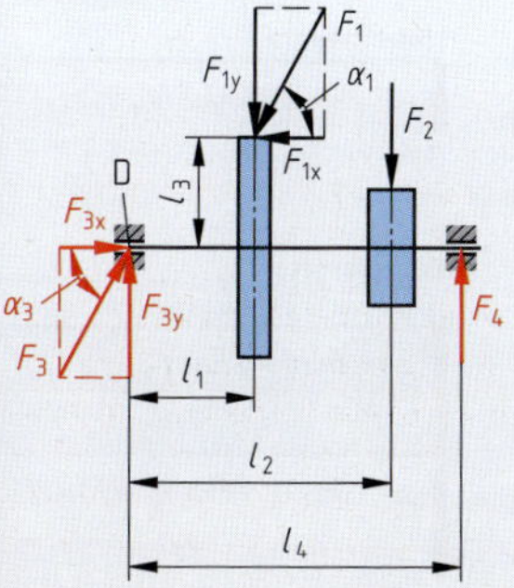

F_1, F_2	bekannte Kräfte	N
F_3, F_4	unbekannte Kräfte	N
M	Moment	N · m
$l_1 \ldots l_4$	Wirkabstände vom Drehpunkt D	m
α_1, α_3	spitze Winkel zur x-Achse	°
$F_{1x}, F_{1y}, F_{3x}, F_{3y}$	X-, Y-Komponenten	N

Arbeitsschritte:

1. Kräfte in Komponenten F_x und F_y zerlegen. (Richtung unbekannter Kräfte annehmen)
2. Drehpunkt günstig (z. B. auf Wirklinie einer unbekannten Kraft) wählen.
3. Gleichgewichtsbedingungen formulieren[1].
4. unbekannte Kräfte (F_3, F_4) bzw. Kraftkomponenten (F_{3x}, F_{3y}) mit Betrag und Richtung berechnen.

[1] Vorzeichen beachten
[2] vgl. Seite 22

Momente[2] (Beispiel)
$\Sigma M_{(D)} = 0$: $F_4 \cdot l_4 + F_{1x} \cdot l_3 - F_{1y} \cdot l_1 - F_2 \cdot l_2 = 0$

$$F_4 = \frac{F_{1y} \cdot l_1 + F_2 \cdot l_2 - F_{1x} \cdot l_3}{l_4}$$

X-Komponente (Beispiel)
$\Sigma F_x = 0$: $F_{3x} - F_{1x} = 0$

$$F_{3x} = F_{1x}$$

Y-Komponente (Beispiel)
$\Sigma F_y = 0$:
$F_{3y} + F_4 - F_{1y} - F_2 = 0$

$$F_{3y} = F_{1y} + F_2 - F_4$$

Betrag und Winkel der Kraft wie im zentralen Kräftesystem, siehe oben

Drehmoment und Hebel

Drehmoment

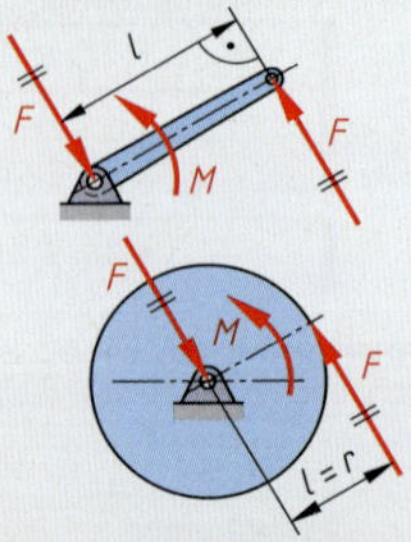

M	Drehmoment, Moment	N · m
F	Kraft	N
l, r	wirksame Hebellänge	m

Zwei gleich große Kräfte, auf parallelen Wirkungslinien mit entgegengesetztem Richtungssinn bilden ein Kräftepaar, welches ein Drehmoment (eine Drehwirkung) erzeugt.

Die wirksame Hebellänge (Wirkabstand) ist immer der senkrechte Abstand vom Drehpunkt zur Wirkungslinie der Kraft.

Drehmoment

$$M = F \cdot l$$

$$M = F \cdot r$$

$$F = \frac{M}{l} \qquad l = \frac{M}{F}$$

Gleichgewicht der Momente am Hebel (Hebelgesetz)

Einfacher Hebel

einseitiger Hebel

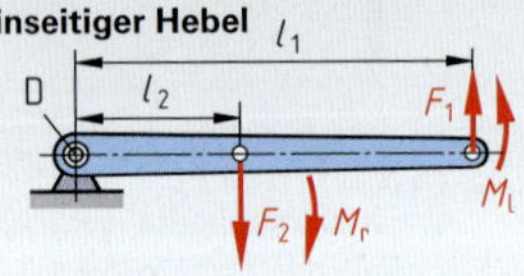

zweiseitiger Hebel

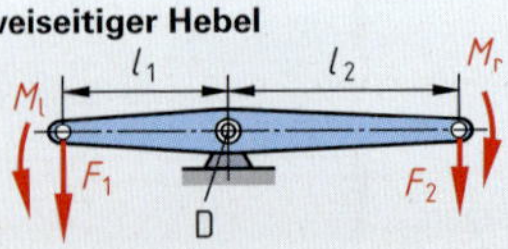

Winkelhebel

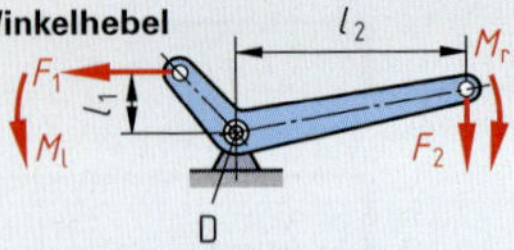

M_l	linksdrehendes Moment	N · m
M_r	rechtsdrehendes Moment	N · m
F_1, F_2	Kräfte	N
l_1, l_2	wirksame Hebellängen	m
$\Sigma M_{(D)}$	Summe aller Momente um den Drehpunkt D	

Die wirksamen Hebellängen sind die rechtwinkligen Abstände zwischen dem Drehpunkt des Hebels und der jeweiligen Wirkungslinie der Kraft.

Gleichgewicht der Momente[1]

$$\Sigma M_{(D)} = 0$$

$$M_l - M_r = 0$$

$$F_1 \cdot l_1 - F_2 \cdot l_2 = 0$$

Hebelgesetz bei nur zwei Kräften

$$M_l = M_r$$

$$F_1 \cdot l_1 = F_2 \cdot l_2$$

Einzelkräfte

$$F_1 = \frac{F_2 \cdot l_2}{l_1}$$

$$F_2 = \frac{F_1 \cdot l_1}{l_2}$$

[1] Vorzeichen der Momente: Seite 21

Mehrfacher Hebel

Beispiel: Schwenkarm

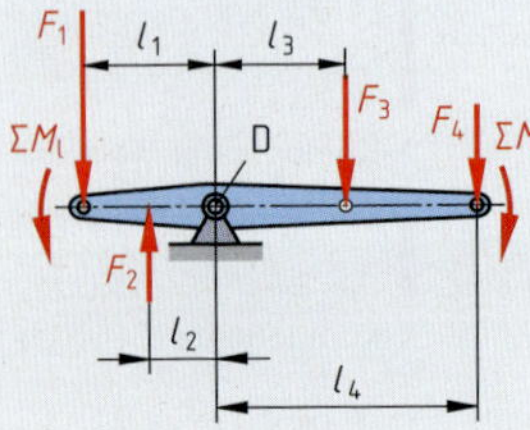

$F_1 \dots F_4$	Kräfte	N
$l_1 \dots l_4$	wirksame Hebellängen	m
ΣM_l	Summe aller linksdrehenden Momente	N · m
ΣM_r	Summe aller rechtsdrehenden Momente	N · m

Die wirksamen Hebellängen sind die rechtwinkligen Abstände zwischen dem Drehpunkt des Hebels und der jeweiligen Wirkungslinie der Kraft.

Gleichgewicht der Momente[1]

$$\Sigma M_{(D)} = 0$$

Beispiel Schwenkarm:
$F_1 \cdot l_1 - F_2 \cdot l_2 - F_3 \cdot l_3 - F_4 \cdot l_4 = 0$

Hebelgesetz

$$\Sigma M_l = \Sigma M_r$$

Beispiel Schwenkarm:
$F_1 \cdot l_1 = F_2 \cdot l_2 + F_3 \cdot l_3 + F_4 \cdot l_4$

Einzelkräfte
(Beispiele Schwenkarm)

$$F_1 = \frac{F_2 \cdot l_2 + F_3 \cdot l_3 + F_4 \cdot l_4}{l_1}$$

$$F_2 = \frac{F_1 \cdot l_1 - F_3 \cdot l_3 - F_4 \cdot l_4}{l_2}$$

[1] Vorzeichen der Momente: Seite 21

Lagerkräfte, Drehmoment bei Zahnrädertrieben

Lagerkräfte

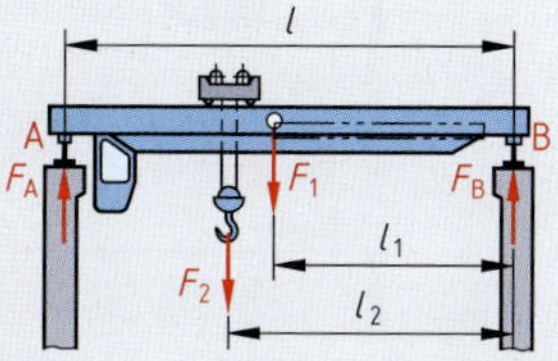

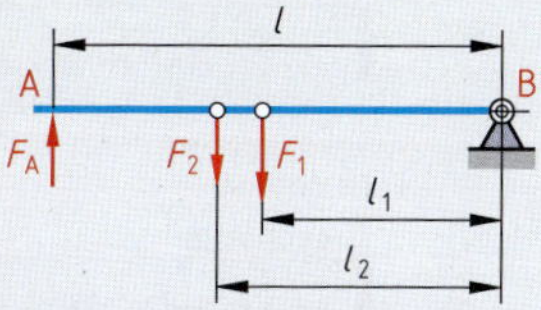

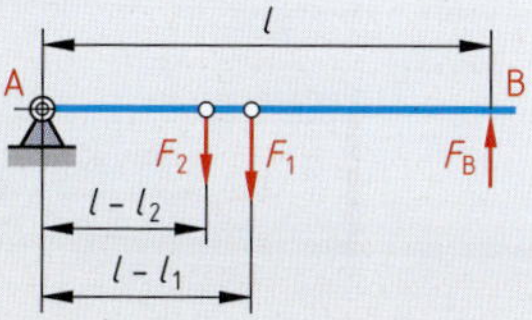

F_A, F_B	Lagerkräfte	N
F, F_1, F_2	Kräfte	N
l, l_1, l_2	wirksame Hebellängen	m
A, B	Auflagerpunkte	
$\Sigma M_{(A)}$	Summe aller Momente um Auflagerpunkt A	N · m
$\Sigma M_{(B)}$	Summe aller Momente um Auflagerpunkt B	N · m

Zur Berechnung der Lagerkräfte nimmt man einen der Auflagerpunkte als Drehpunkt (z. B. im Lager B) an und berechnet die Lagerkraft an dem anderen Auflagerpunkt (z. B. im Lager A).

Die zweite Lagerkraft (z. B. im Lager B) wird wahlweise aus dem Gleichgewicht der Kräfte oder aus dem Gleichgewicht der Momente um den anderen Auflagerpunkt (z. B. im Lager A) berechnet.

Gleichgewicht der Kräfte[1)]

$$\Sigma F_y = 0$$

$$F_A + F_B - F_1 - F_2 = 0$$

Summe der Lagerkräfte A und B

$$F_A + F_B = F_1 + F_2 + \ldots$$

Lagerkraft in A, B

$$F_A = F_1 + F_2 + \ldots - F_B$$

$$F_B = F_1 + F_2 + \ldots - F_A$$

Gleichgewicht der Momente um B[1)]

$$\Sigma M_{(B)} = 0$$

Lagerkraft in A

$$F_A = \frac{F_1 \cdot l_1 + F_2 \cdot l_2 + \ldots}{l}$$

Gleichgewicht der Momente um A[1)]

$$\Sigma M_{(A)} = 0$$

Lagerkraft in B

$$F_B = \frac{F_1 \cdot (l - l_1) + F_2 \cdot (l - l_2) + \ldots}{l}$$

[1)] Vorzeichen der Kräfte und Momente: Seite 21

Drehmoment bei Zahnrädertrieben

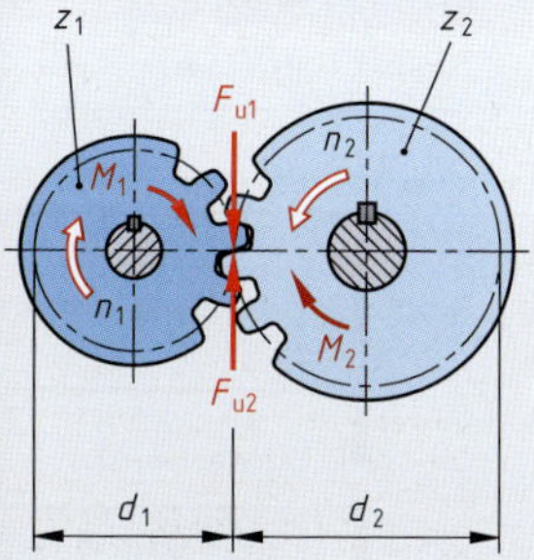

treibendes Rad:

F_{u1}	Umfangskraft	N
M_1	Drehmoment	N·m
d_1	Teilkreisdurchmesser	m
z_1	Zähnezahl	–
n_1	Drehzahl	1/min

getriebenes Rad:

F_{u2}	Umfangskraft	N
M_2	Drehmoment	N·m
d_2	Teilkreisdurchmesser	m
z_2	Zähnezahl	–
n_2	Drehzahl	1/min

Für beide Räder:

i	Übersetzungsverhältnis (Seite 43)	–

Drehmoment

$$M_1 = \frac{F_{u1} \cdot d_1}{2}$$

$$M_2 = \frac{F_{u2} \cdot d_2}{2}$$

$$M_2 = i \cdot M_1$$

$$\frac{M_2}{M_1} = \frac{z_2}{z_1}$$

$$\frac{M_2}{M_1} = \frac{n_1}{n_2}$$

$$M_1 = \frac{M_2 \cdot z_1}{z_2}$$

$$M_2 = \frac{M_1 \cdot z_2}{z_1}$$

Arbeit, Energie, Einfache Maschinen

Mechanische Arbeit, Hubarbeit und Reibungsarbeit

Hubarbeit

Reibungsarbeit

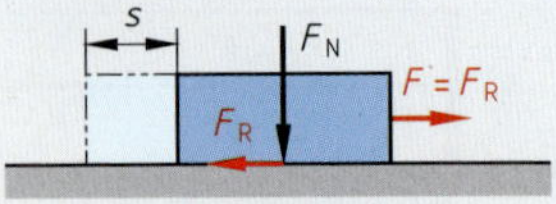

Arbeit wird verrichtet, wenn eine Kraft längs eines Weges wirkt.

F	Kraft in Wegrichtung	N
F_G	Gewichtskraft	N
F_R	Reibungskraft	N
F_N	Normalkraft	N
W	Arbeit	J
s	Kraftweg	m
s, h	Hubhöhe	m

$1\ J = 1\ N \cdot 1\ m = 1\ W \cdot s = 1\ \frac{kg \cdot m^2}{s^2}$

Reibungskraft: Seite 25

Arbeit

$$W = F \cdot s$$

$F = \frac{W}{s}$ $\quad s = \frac{W}{F}$

Hubarbeit

$$W = F_G \cdot h$$

$F_G = \frac{W}{h}$ $\quad h = \frac{W}{F_G}$

Reibungsarbeit

$$W = \mu \cdot F_N \cdot s$$

Potenzielle Energie

Lageenergie

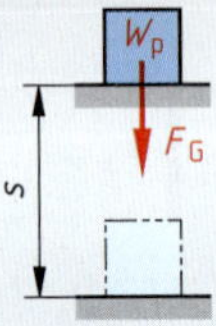

Federenergie

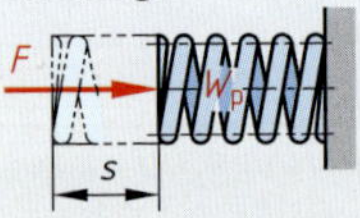

$R = \frac{F}{s}$

Potenzielle Energie ist gespeicherte Arbeit (Lageenergie, Federenergie).

W_p	potenzielle Energie	J
F_G	Gewichtskraft	N
F	Federkraft	N
R	Federrate	N/m
s, h	Weg, Hub- oder Fallhöhe, Federweg	m

1 N/mm = 1000 N/m

Lageenergie

$$W_p = F_G \cdot s$$

$F = \frac{W_p}{s}$ $\quad s = \frac{W_p}{F}$

Federenergie

$$W_p = \frac{R \cdot s^2}{2}$$

Kinetische Energie

Kinetische Energie ist Energie der Bewegung.

W_k	kinetische Energie	J
v	Geschwindigkeit	m/s
m	Masse	kg

Kinetische Energie

$$W_k = \frac{m \cdot v^2}{2}$$

$m = \frac{2 \cdot W_k}{v^2}$; $v = \sqrt{\frac{2 \cdot W_k}{m}}$

Flaschenzug[1)]

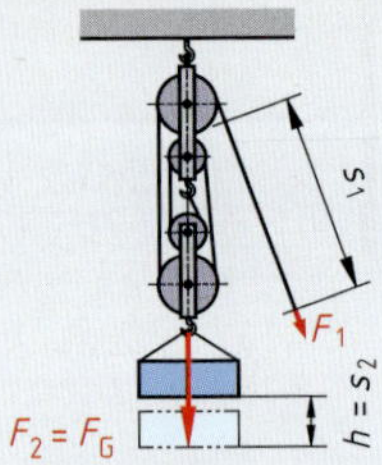

F_1	aufgewendete Kraft	N
s_1	Weg der Kraft F_1	m
F_G	Gewichtskraft	N
h	Hubhöhe	m
n	Anzahl der tragenden Seilstränge ≙ Anzahl der Rollen	–
W_2	abgegebene Arbeit	J

$$F_1 = \frac{F_G}{n}$$

$$s_1 = n \cdot h$$

$$W_2 = F_G \cdot h$$

1) Die Formeln gelten für den reibungsfreien Zustand. Bei diesem ist die aufgewendete Arbeit W_1 gleich der abgegebenen Arbeit W_2, d.h. was an Kraft gewonnen wird, geht an Weg verloren.

Einfache Maschinen, Reibung

Keil[1]

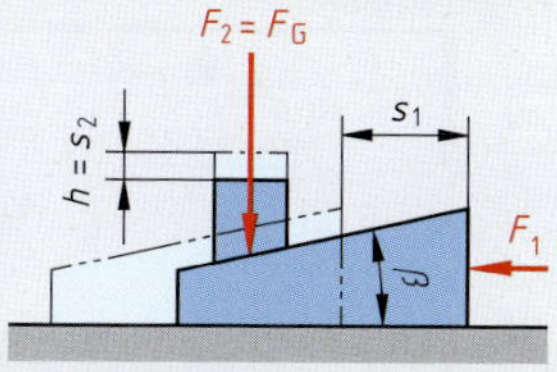

F_1	aufgewendete Kraft	N
F_2	abgegebene Kraft	N
s_1	Weg der Kraft F_1	mm
h	Hubhöhe	mm
β	Neigungswinkel	°
W_2	abgegebene Arbeit	N·mm

$$F_1 \cdot s_1 = F_2 \cdot h$$

$$F_2 = \frac{F_1}{\tan\beta}$$

$$h = s_1 \cdot \tan\beta$$

$$W_2 = F_2 \cdot h$$

Schraube[1]

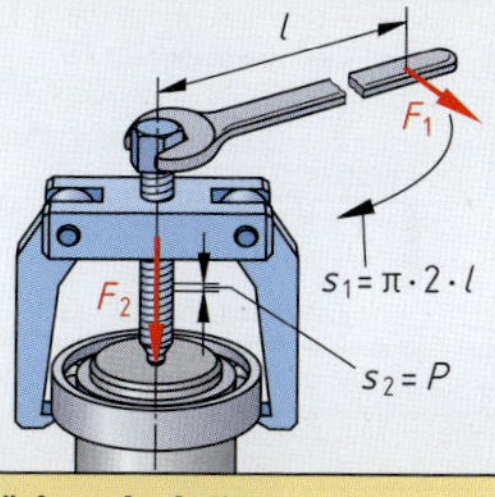

W_1	aufgewendete Arbeit	N·mm
W_2	abgegebene Arbeit	N·mm
F_1	aufgewendete Kraft	N
F_2	abgegebene Kraft	N
s_1	Weg der Kraft F_1	mm
l	Hebellänge	mm
P	Gewindesteigung	mm

Die Berechnung wird stets für eine volle Umdrehung (360°) durchgeführt.

$$F_1 \cdot 2 \cdot \pi \cdot l = F_2 \cdot P$$

$$s_1 = 2 \cdot \pi \cdot l$$

$$W_1 = F_1 \cdot 2 \cdot \pi \cdot l$$

$$W_2 = F_2 \cdot P$$

Räderwinde[1]

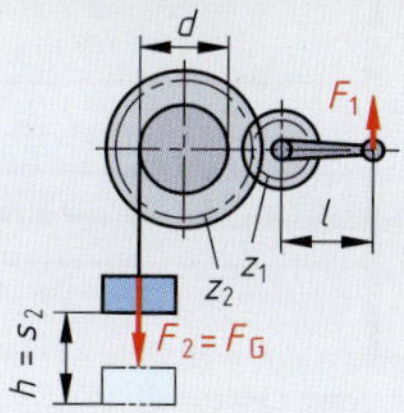

F_1	aufgewendete Kraft	N
F_G	Gewichtskraft	N
l	Kurbellänge	m
h	Hubhöhe	m
d	Trommeldurchmesser	m
i	Übersetzungsverhältnis	–
W_2	abgegebene Arbeit	J

$$F_1 \cdot l \cdot i = \frac{F_G \cdot d}{2}$$

$$i = \frac{z_2}{z_1}$$

$$W_2 = F_G \cdot h$$

[1] Die Formeln gelten für den reibungsfreien Zustand. Bei diesem ist die aufgewendete Arbeit W_1 gleich der abgegebenen Arbeit W_2, d.h. was an Kraft gewonnen wird, geht an Weg verloren.

Reibungskraft, Reibungsmoment

Haftreibung, Gleitreibung

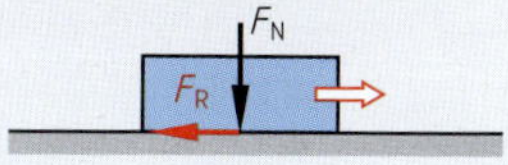

Reibungsmoment

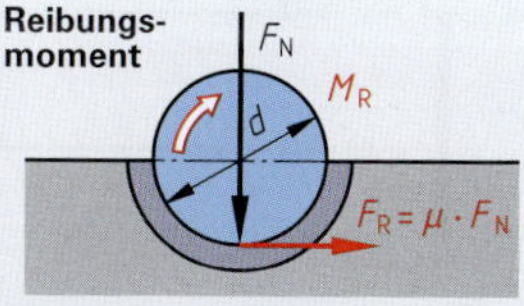

Rollreibung

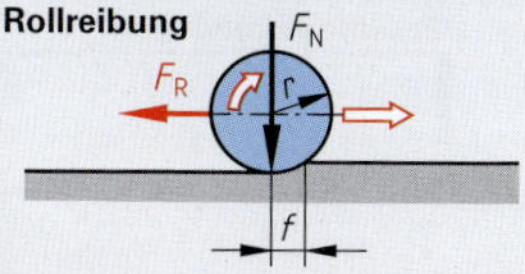

F_N	Normalkraft	N
F_R	Reibungskraft	N
μ	Reibungszahl bei Haft- oder Gleitreibung (Ruhe- oder Bewegungsreibung)	–
M_R	Reibungsmoment	N·m
d	Durchmesser	m
f	Rollreibungszahl	mm
r	Radius	mm

μ und f siehe Tabellenbuch Metall

Reibungskraft bei Haft- und Gleitreibung

$$F_R = \mu \cdot F_N$$

$$F_N = \frac{F_R}{\mu} \qquad \mu = \frac{F_R}{F_N}$$

Reibungsmoment

$$M_R = \frac{\mu \cdot F_N \cdot d}{2}$$

Reibungskraft bei Rollreibung

$$F_R = \frac{f \cdot F_N}{r}$$

Leistung und Wirkungsgrad

Leistung bei geradliniger Bewegung

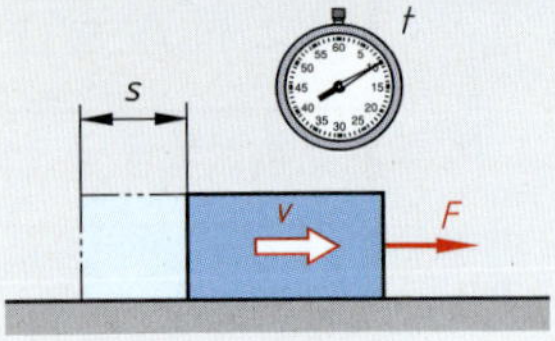

Leistung ist die Arbeit je Zeiteinheit.

P	Leistung	W
W	Arbeit	J
F	Kraft	N
v	Geschwindigkeit	m/s
s	Weg in Kraftrichtung	m
t	Zeit	s

$$1\ \text{W} = 1\ \frac{\text{J}}{\text{s}} = 1\ \frac{\text{N} \cdot \text{m}}{\text{s}}$$

1 kW = 1000 W = 1,36 PS

Hydraulische Leistung: Seite 56

Leistung

$$P = \frac{W}{t}$$

$W = P \cdot t$ $\qquad t = \frac{W}{P}$

Leistung

$$P = \frac{F \cdot s}{t}$$

$F = \frac{P \cdot t}{s}$ $\qquad s = \frac{P \cdot t}{F}$ $\qquad t = \frac{F \cdot s}{P}$

Leistung

$$P = F \cdot v$$

$F = \frac{P}{v}$ $\qquad v = \frac{P}{F}$

Leistung bei kreisförmiger Bewegung

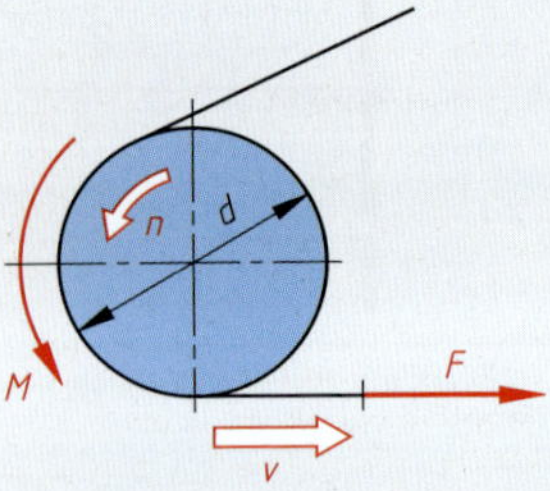

P	Leistung	W
M	Drehmoment	N·m
F	Umfangskraft	N
v	Geschwindigkeit	m/s
s	Weg in Kraftrichtung	m
t	Zeit	s
n	Drehzahl	1/s
ω	Winkelgeschwindigkeit	1/s

$$\frac{1}{\text{min}} = 1\ \text{min}^{-1} = \frac{1}{60\ \text{s}} = 0{,}01667\ \text{s}^{-1}$$

Zahlenwertgleichung:
Einsetzen → M in N · m, n in 1/min
Ergebnis → P in kW

Schnittleistung bei Werkzeugmaschinen: Seite 45

Leistung

$$P = F \cdot v$$

$$P = F \cdot \pi \cdot d \cdot n$$

$$P = M \cdot 2 \cdot \pi \cdot n$$

$$P = M \cdot \omega$$

oder: Leistung (Zahlenwertgleichung)

$$P = \frac{M \cdot n}{9550}$$

$M = 9550 \cdot \frac{P}{n}$

Wirkungsgrad

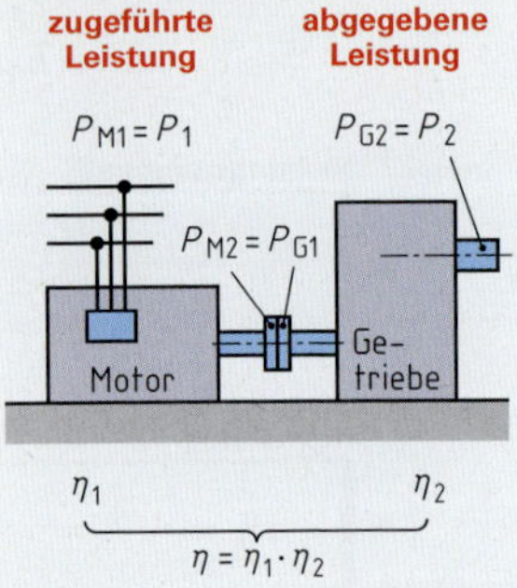

P_1	zugeführte Leistung	W
P_2	abgegebene Leistung	W
W_1	zugeführte Arbeit (Energie)	J
W_2	abgegebene Arbeit (Energie)	J
η	Gesamtwirkungsgrad	–
η_1, η_2, η_3	Teilwirkungsgrade	–
i	Übersetzungsverhältnis	–

Wirkungsgrad

$$\eta = \frac{P_2}{P_1}$$

$$\eta = \frac{W_2}{W_1}$$

Gesamtwirkungsgrad

$$\eta = \eta_1 \cdot \eta_2 \cdot \eta_3 \cdot \ldots$$

$\eta_1 = \frac{\eta}{\eta_2 \cdot \eta_3 \cdot \ldots}$ $\qquad \eta_2 = \frac{\eta}{\eta_1 \cdot \eta_3 \cdot \ldots}$

Druckarten, Auftrieb, Druckübersetzung

Druck

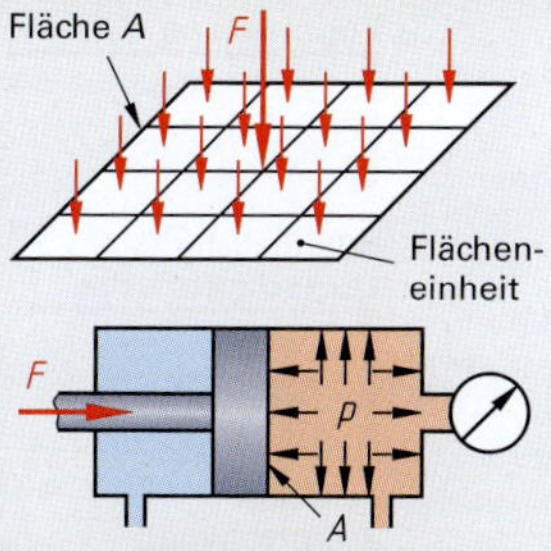

p	Druck	N/cm²
F	Kolbenkraft	N
A	Kolbenfläche	cm²

$$1\ \text{bar} = 10\ \frac{\text{N}}{\text{cm}^2} = 1000\ \frac{\text{N}}{\text{dm}^2} = 100\,000\ \text{Pa}$$

$$1\ \text{Pa} = 1\ \frac{\text{N}}{\text{m}^2} = 10^{-5}\ \text{bar}$$

Druck

$$p = \frac{F}{A}$$

$$F = p \cdot A \qquad A = \frac{F}{p}$$

Überdruck, Luftdruck, absoluter Druck

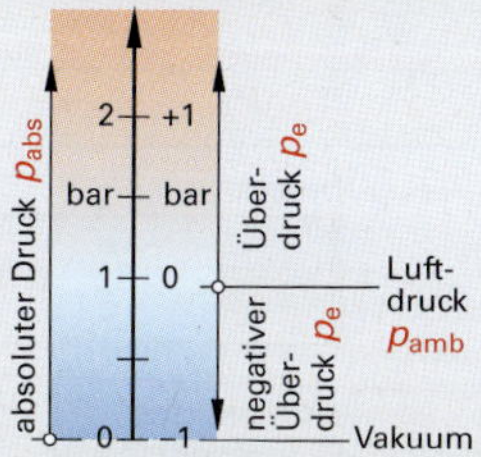

p_e	Überdruck (excedens, überschreitend)	bar
p_{amb}	Luftdruck (ambient, umgebend)	bar
p_{abs}	absoluter Druck	bar

Der Überdruck ist positiv, wenn $p_{abs} > p_{amb}$ ist und negativ, wenn $p_{abs} < p_{amb}$ ist (Unterdruck)

Überdruck

$$p_e = p_{abs} - p_{amb}$$

$$p_{abs} = p_e + p_{amb}$$

$$p_{amb} = p_{abs} - p_e$$

$p_{amb} = 1{,}013\ \text{bar} \approx 1\ \text{bar}$
(Normal-Luftdruck)

Schweredruck, Auftriebskraft

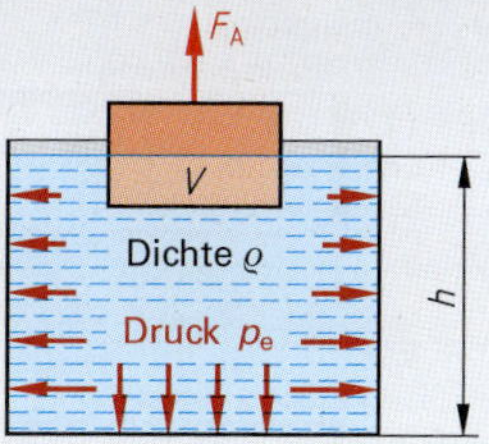

p_e	Schweredruck	N/dm²
ϱ	Dichte der Flüssigkeit	kg/dm³
g	Fallbeschleunigung	m/s²
h	Flüssigkeitstiefe	dm
F_A	Auftriebskraft	N
V	Eintauchvolumen	dm³, l

$$1\ \frac{\text{N}}{\text{m}^2} = 0{,}01\ \frac{\text{N}}{\text{dm}^2} = 1\ \text{Pa} = 10^{-5}\ \text{bar}$$

$$1\ \frac{\text{g}}{\text{cm}^3} = 1\ \frac{\text{kg}}{\text{dm}^3} = 1\ \frac{\text{t}}{\text{m}^3}$$

Schweredruck

$$p_e = g \cdot \varrho \cdot h$$

$$h = \frac{p_e}{g \cdot \varrho}$$

Auftriebskraft

$$F_A = g \cdot \varrho \cdot V$$

$$V = \frac{F_A}{g \cdot \varrho}$$

Druckübersetzung

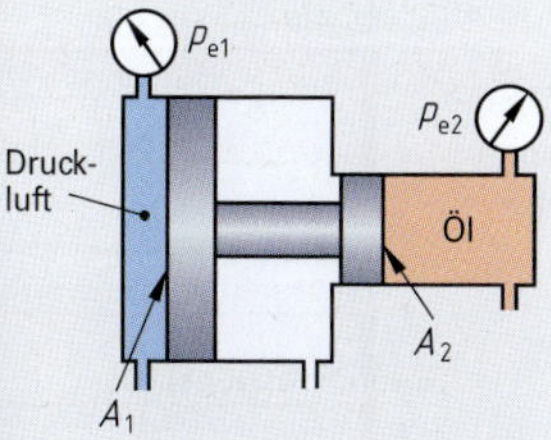

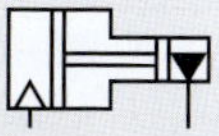

Schaltzeichen nach DIN ISO 1219-1

A_1, A_2	Kolbenflächen	cm²
p_{e1}	Überdruck an der Kolbenfläche A_1	bar
p_{e2}	Überdruck an der Kolbenfläche A_2	bar
η	Wirkungsgrad des Druckübersetzers	–

Überdruck

$$p_{e2} = p_{e1} \cdot \frac{A_1}{A_2} \cdot \eta$$

$$p_{e1} = \frac{p_{e2} \cdot A_2}{A_1 \cdot \eta}$$

Festigkeitsberechnungen

Beanspruchung auf Zug

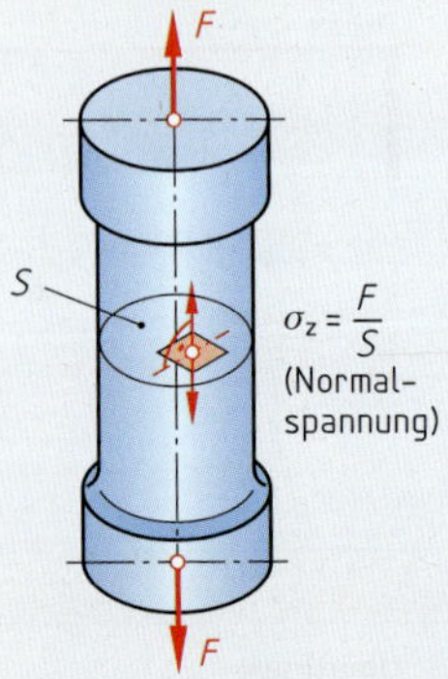

σ_z	Zugspannung	N/mm²
F	Zugkraft	N
S	Querschnittsfläche	mm²
S_{erf}	erforderliche Querschnittsfläche	mm²
σ_{zzul}	zulässige Zugspannung	N/mm²
R_e	Streckgrenze	N/mm²
ν	Sicherheitszahl	–

Zugspannung

$$\sigma_z = \frac{F}{S}$$

erforderliche Querschnittsfläche

$$S_{erf} = \frac{F}{\sigma_{zzul}}$$

zulässige Zugspannung[1]

$$\sigma_{zzul} = \frac{R_e}{\nu}$$

Beanspruchung auf Druck

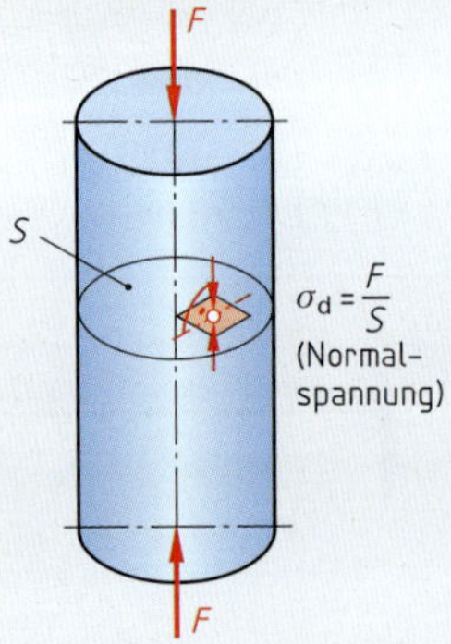

σ_d	Druckspannung	N/mm²
F	Druckkraft	N
S	Querschnittsfläche	mm²
S_{erf}	erforderliche Querschnittsfläche	mm²
σ_{dzul}	zulässige Druckspannung	N/mm²
σ_{dF}	Quetschgrenze (bei Stahl $\sigma_{dF} \approx R_e$)	N/mm²
R_e	Streckgrenze	N/mm²
ν	Sicherheitszahl	–

Druckspannung

$$\sigma_d = \frac{F}{S}$$

erforderliche Querschnittsfläche

$$S_{erf} = \frac{F}{\sigma_{dzul}}$$

zulässige Druckspannung[1]

$$\sigma_{dzul} = \frac{\sigma_{dF}}{\nu}$$

Beanspruchung auf Flächenpressung

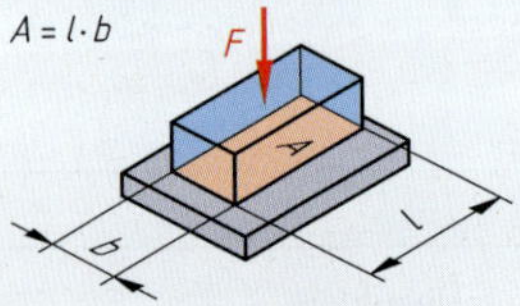

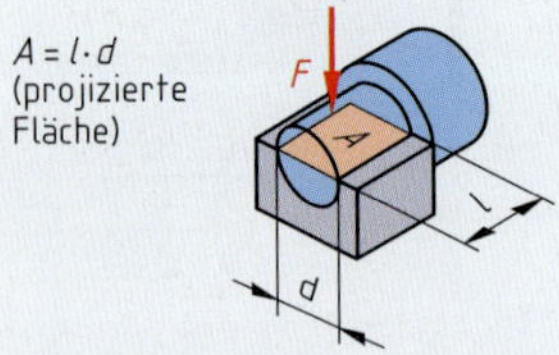

p	Flächenpressung	N/mm²
F	Kraft	N
A	Berührungsfläche, projizierte Fläche	mm²
A_{erf}	erforderliche Berührungsfläche	mm²
p_{zul}	zulässige Flächenpressung	N/mm²
R_e	Streckgrenze	N/mm²

Flächenpressung

$$p = \frac{F}{A}$$

erforderliche Berührungsfläche

$$A_{erf} = \frac{F}{p_{zul}}$$

zulässige Flächenpressung[1)2)] **(Richtwert)**

$$p_{zul} = \frac{R_e}{1{,}2}$$

[1] Die Berechnungsformel der zulässigen Spannung gilt nur für statische Belastung zäher Werkstoffe (z. B. Stahl). Für spröde Werkstoffe ist die zulässige Spannung sinngemäß zu ermitteln.
[2] Für die Berechnung von Maschinenelementen gelten die dort jeweils festgelegten zulässigen Werte.

Festigkeitsberechnungen

Beanspruchung auf Abscherung

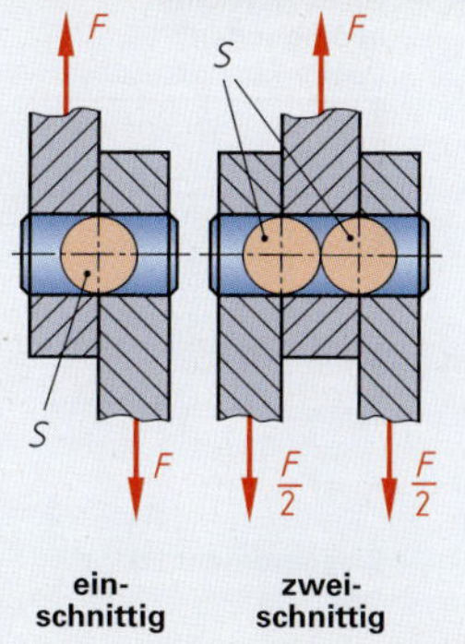

Der belastete Querschnitt darf nicht abgeschert werden.

τ_a	Scherspannung	N/mm²
F	Scherkraft	N
S	Querschnittsfläche	mm²
S_{erf}	erforderliche Querschnittsfläche	mm²
τ_{azul}	zulässige Scherspannung	N/mm²
τ_{aF}	Scherfließgrenze (bei Stahl $\tau_{aF} \approx 0{,}6 \cdot R_e$)	N/mm²
R_e	Streckgrenze	N/mm²
ν	Sicherheitszahl	–

Scherspannung

$$\tau_a = \frac{F}{S}$$

erforderliche Querschnittsfläche

$$S_{erf} = \frac{F}{\tau_{azul}}$$

zulässige Scherspannung[1) 2)]

$$\tau_{azul} = \frac{\tau_{aF}}{\nu}$$

Beanspruchung auf Torsion (Verdrehung)

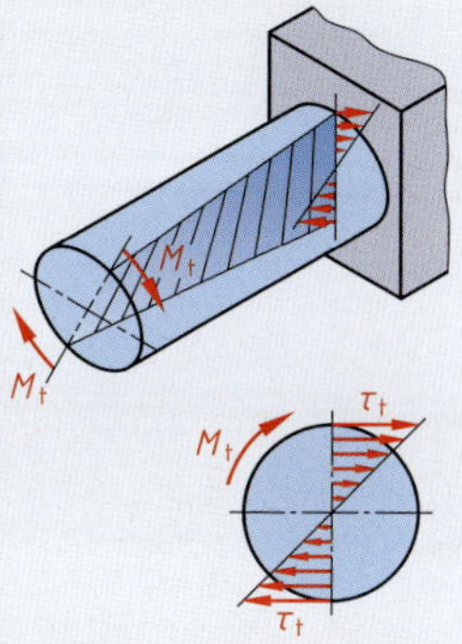

τ_t	Torsionsspannung	N/mm²
M_t	Torsionsmoment	N · mm
W_p	polares Widerstandsmoment	mm³
W_{perf}	erforderliches polares Widerstandsmoment	mm³
τ_{tzul}	zulässige Torsionsspannung	N/mm²
τ_{tF}	Torsionsfließgrenze (bei Stahl $\tau_{tF} \approx 0{,}65 \cdot R_e$)	N/mm²
R_e	Streckgrenze	N/mm²
ν	Sicherheitszahl	–

Torsionsspannung

$$\tau_t = \frac{M_t}{W_p}$$

erforderliches polares Widerstandsmoment

$$W_{perf} = \frac{M_t}{\tau_{tzul}}$$

zulässige Torsionsspannung[1)]

$$\tau_{tzul} = \frac{\tau_{tF}}{\nu}$$

Beanspruchung auf Biegung

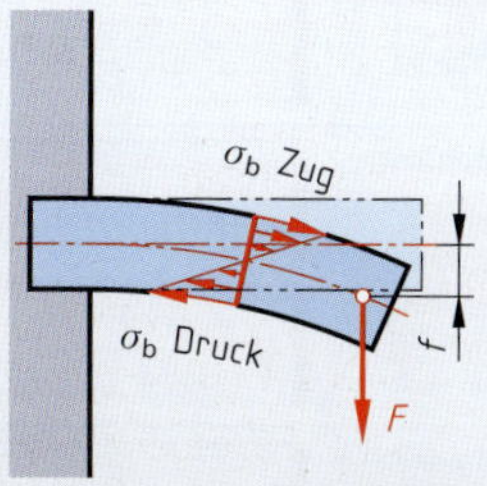

σ_b	Biegespannung	N/mm²
M_b	Biegemoment	N · mm
W	axiales Widerstandsmoment	mm³
W_{erf}	erforderliches axiales Widerstandsmoment	mm³
σ_{bzul}	zulässige Biegespannung	N/mm²
σ_{bF}	Biegefließgrenze (bei Stahl $\sigma_{bF} \approx 1{,}2 \cdot R_e$)	N/mm²
R_e	Streckgrenze	N/mm²
ν	Sicherheitszahl	–
F	Biegekraft	N
f	Durchbiegung	mm

Das Biegemoment M_b ist abhängig vom jeweiligen Biegebelastungsfall, z. B. einseitig oder zweiseitig eingespannt.

Biegespannung

$$\sigma_b = \frac{M_b}{W}$$

erforderliches axiales Widerstandsmoment

$$W_{erf} = \frac{M_b}{\sigma_{bzul}}$$

zulässige Biegespannung[1)]

$$\sigma_{bzul} = \frac{\sigma_{bF}}{\nu}$$

1) Die Berechnungsformel der zulässigen Spannung gilt nur für statische Belastung zäher Werkstoffe (z. B. Stahl). Für spröde Werkstoffe ist die zulässige Spannung sinngemäß zu ermitteln.
2) Für die Berechnung von Maschinenelementen gelten die dort jeweils festgelegten zulässigen Werte.

Festigkeitsberechnungen

Biegebelastung auf Bauteile durch Querkräfte als Punktlasten

Beispiel:

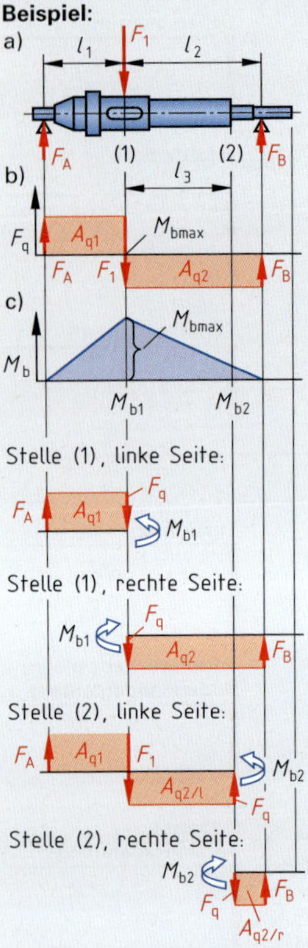

F_1, F_A, F_B	Kräfte als Punktlasten	N
$l_1 \dots l_3$	Längsabstände	m
F_q	innere Querkraft	N
A_q	Querkraftfläche	N · m
M_b	(inneres) Biegemoment	N · m
(1), (2)	betrachtete (Schnitt-)Stellen	

Arbeitsschritte:

1. Freischneiden des gesamten Bauteils und Ermittlung aller angreifenden Kräfte (vgl. Seite 23).
2. Verlauf der Querkräfte F_q ergibt Querkraftflächen $A_q = F_q \cdot l$ (= M_b). An den Nulldurchgängen der Querkraft sind Biegemomentspitzen (M_{bmax}).
3. Ermittlung der Biegemomentspitzen oder einer für den Spannungsnachweis erforderlichen Schnittstelle. Linke und rechte Seite der Schnittstelle liefern dabei gleiche Ergebnisse.
4. Der Betrag des Biegemomentes (ohne Vorzeichen) wird für die Festigkeitsrechnung verwendet.

1) Vorzeichen der Kräfte und Momente: Seite 21

2) Querkraft F_q bewirkt auch Abscherung. Die Scherspannung bleibt aber bei der Festigkeitsrechnung biegebeanspruchter Bauteile in der Regel unberücksichtigt.

Gleichgewichtsbedingungen[1,2] (in der Ebene)

$$\Sigma F = 0$$

$$\Sigma M_{(x)} = 0$$

Lagerkräfte:

$$F_A = \frac{F_1 \cdot l_2}{(l_1 + l_2)}$$

$$F_B = F_1 - F_A$$

Biegemoment (1):

$\Sigma M_{(1)} = 0$

linke Seite:

$M_{b(1)} - F_A \cdot l_1 = 0$

$M_{b(1)} = F_A \cdot l_1$

rechte Seite:

$F_B \cdot l_2 - M_{b(1)} = 0$

$M_{b(1)} = F_B \cdot l_2$

Biegemoment (2):

$\Sigma M_{(2)} = 0$

linke Seite:

$M_{b(2)} - F_A \cdot (l_1 + l_2)$
$+ F_1 \cdot l_3 = 0$

$M_{b(2)} = F_A \cdot (l_1 + l_3) - F_1 \cdot l_3$

rechte Seite:

$F_B \cdot (l_2 - l_3) - M_{b(2)} = 0$

$M_{b(2)} = F_B \cdot (l_2 - l_3)$

Biegebelastungsfälle auf Bauteilen (Auswahl von Sonderfällen)

einseitig eingespannt (Einzelkraft)

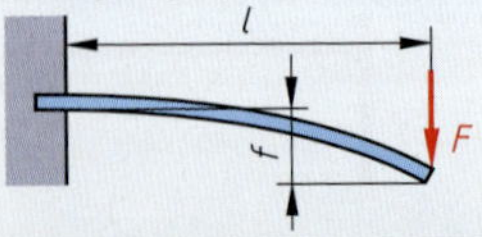

$$M_b = F \cdot l$$

$$f = \frac{F \cdot l^3}{3 \cdot E \cdot I}$$

einseitig eingespannt (Streckenlast)

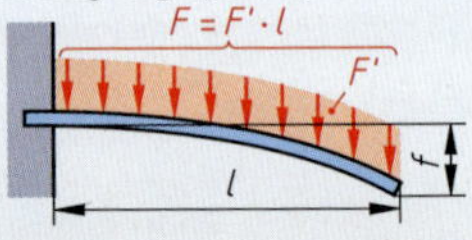

$$M_b = \frac{F \cdot l}{2}$$

$$f = \frac{F \cdot l^3}{8 \cdot E \cdot I}$$

auf zwei Stützen

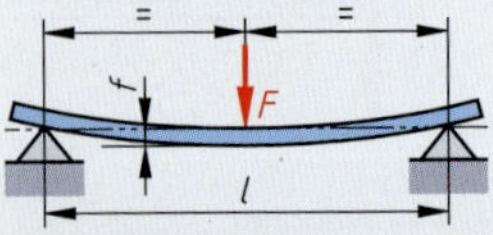

$$M_b = \frac{F \cdot l}{4}$$

$$f = \frac{F \cdot l^3}{48 \cdot E \cdot I}$$

auf zwei Stützen (Streckenlast)

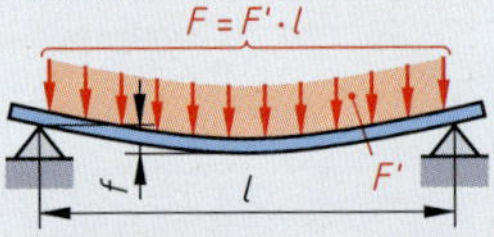

$$M_b = \frac{F \cdot l}{8}$$

$$f = \frac{5 \cdot F \cdot l^3}{384 \cdot E \cdot I}$$

auf zwei Stützen (Einzelkraft)

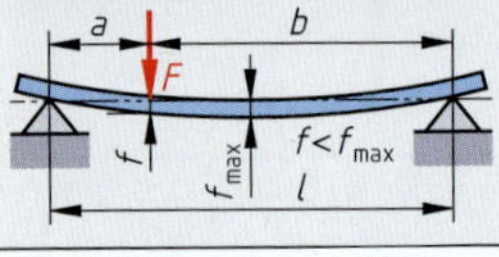

$$M_b = F \frac{a \cdot b}{l}$$

$$f = \frac{F \cdot a^2 \cdot b^2}{3 \cdot E \cdot I \cdot l}$$

doppelseitig eingesp. (Streckenlast)

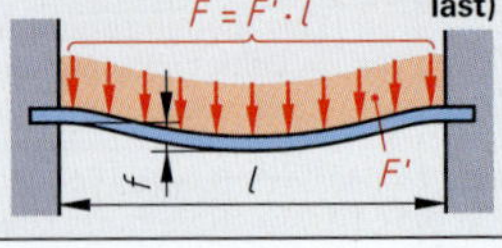

$$M_b = \frac{F \cdot l}{12}$$

$$f = \frac{F \cdot l^3}{384 \cdot E \cdot I}$$

E Elastizitätsmodul; I Flächenmoment 2. Grades; F' Streckenlast (Last pro Längeneinheit, z. B. N/cm)

Festigkeitsberechnungen

Flächenmomente und Widerstandsmomente

Querschnitt	Biegung und Knickung Flächenmoment 2. Grades I	Biegung und Knickung axiales Widerstandsmoment W	Verdrehung (Torsion) polares Widerstandsmoment W_p
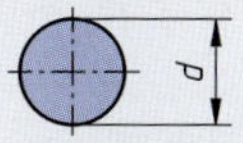	$I = \frac{\pi \cdot d^4}{64}$	$W = \frac{\pi \cdot d^3}{32}$	$W_p = \frac{\pi \cdot d^3}{16}$
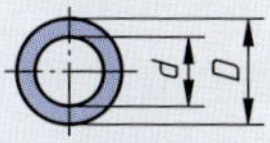	$I = \frac{\pi \cdot (D^4 - d^4)}{64}$	$W = \frac{\pi \cdot (D^4 - d^4)}{32 \cdot D}$	$W_p = \frac{\pi \cdot (D^4 - d^4)}{16 \cdot D}$
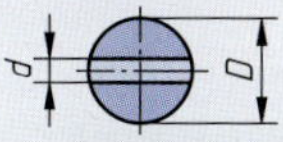	$I = 0{,}05 \cdot D^4 - 0{,}083\ d \cdot D^3$	$W = 0{,}1 \cdot D^3 - 0{,}17\ d \cdot D^2$	$W_p = 0{,}2 \cdot D^3 - 0{,}34\ d \cdot D^2$
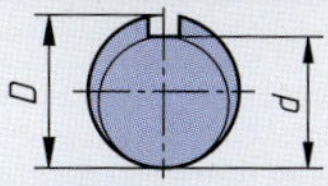	$I = 0{,}003 \cdot (D + d)^4$	$W = 0{,}012 \cdot (D + d)^3$	$W_p = 0{,}2 \cdot d^3$
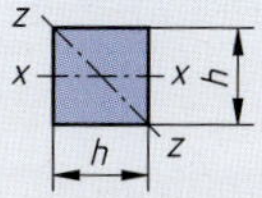	$I_x = I_z = \frac{h^4}{12}$	$W_x = \frac{h^3}{6}$ $W_z = \frac{\sqrt{2} \cdot h^3}{12}$	$W_p = 0{,}208 \cdot h^3$
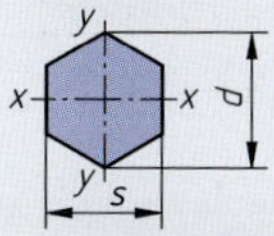	$I_x = I_y = \frac{5 \cdot \sqrt{3} \cdot s^4}{144}$ $I_x = I_y = \frac{5 \cdot \sqrt{3} \cdot d^4}{256}$	$W_x = \frac{5 \cdot s^3}{48} = \frac{5 \cdot \sqrt{3} \cdot d^3}{128}$ $W_y = \frac{5 \cdot s^3}{24 \cdot \sqrt{3}} = \frac{5 \cdot d^3}{64}$	$W_p = 0{,}188 \cdot s^3$ $W_p = 0{,}123 \cdot d^3$
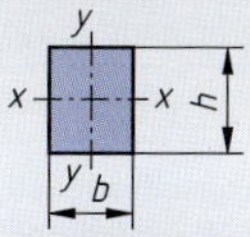	$I_x = \frac{b \cdot h^3}{12}$ $I_y = \frac{h \cdot b^3}{12}$	$W_x = \frac{b \cdot h^2}{6}$ $W_y = \frac{h \cdot b^2}{6}$	–
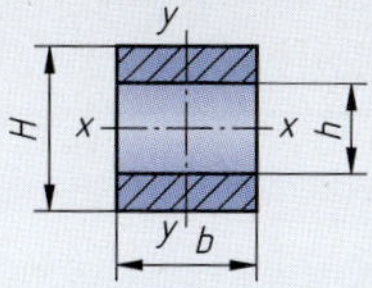	$I_x = \frac{b \cdot (H^3 - h^3)}{12}$ $I_y = \frac{b^3 \cdot (H - h)}{12}$	$W_x = \frac{b \cdot (H^3 - h^3)}{6 \cdot H}$ $W_y = \frac{b^2 \cdot (H - h)}{6}$	–
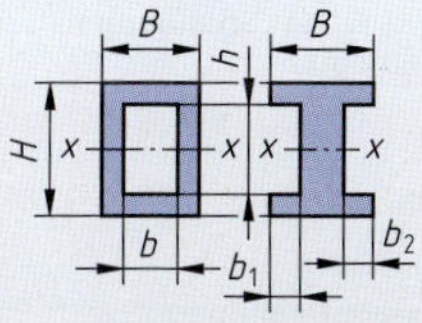	$I_x = \frac{B \cdot H^3 - b \cdot h^3}{12}$ mit $b = b_1 + b_2$	$W_x = \frac{B \cdot H^3 - b \cdot h^3}{6 \cdot H}$ mit $b = b_1 + b_2$	–
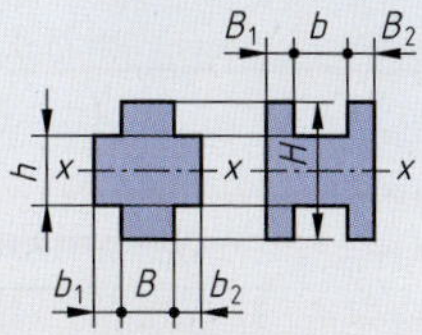	$I_x = \frac{B \cdot H^3 + b \cdot h^3}{12}$ mit $B = B_1 + B_2$ $b = b_1 + b_2$	$W_x = \frac{B \cdot H^3 + b \cdot h^3}{6 \cdot H}$ mit $B = B_1 + B_2$ $b = b_1 + b_2$	–

Festigkeitsberechnungen

Dynamische Festigkeitsrechnung, Vordimensionierung

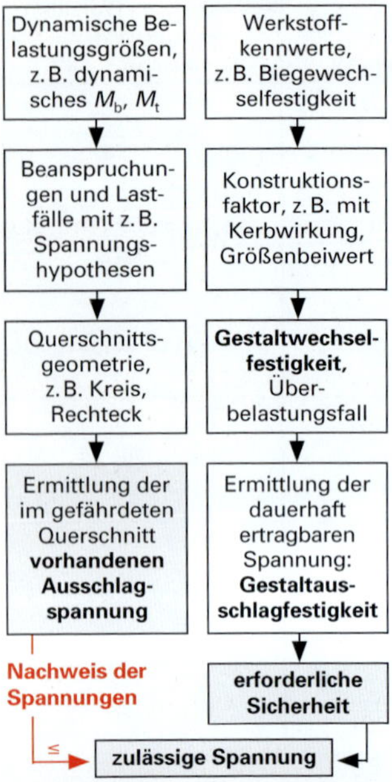

Vordimensionierung

Der überschlägig erforderliche Bauteilquerschnitt wird anhand der jeweiligen Grenzspannung und der stark erhöhten Sicherheitszahl bestimmt.

Bei zusammengesetzter Beanspruchung auf Biegung und Torsion wird das Vergleichsmoment berücksichtigt.

σ_{zul}	zulässige Normalspannung	N/mm²
τ_{zul}	zulässige Schubspannung	N/mm²
σ_{grenz}	Grenzspannung der Normalspannung	N/mm²
τ_{grenz}	Grenzspannung der Schubspannung	N/mm²
ν_D	Sicherheitszahl	–
M_v	Vergleichsmoment	Nmm
M_b	Biegemoment	Nmm
M_t	Torsion	Nmm
α_0	Anstrengungsverhältnis	–
d	Entwurfsdurchmesser Vollachse, Vollwelle	mm

Zulässige Spannung (Vordimensionierung)

$$\sigma_{zul} = \frac{\sigma_{grenz}}{\nu_D}; \quad \tau_{zul} = \frac{\tau_{grenz}}{\nu_D}$$

Vergleichsmoment (zäher Werkstoff)

$$M_v = \sqrt{M_b^2 + 0{,}75 \cdot (\alpha_0 \cdot M_t)^2}$$

Vordimensionierung:

Achsendurchmesser[1)]

$$d \approx 3{,}4 \cdot \sqrt[3]{M_b/\sigma_{grenz}}$$

Wellendurchmesser[1)] (nur Torsion)

$$d \approx 2{,}7 \cdot \sqrt[3]{M_t/\tau_{grenz}}$$

Wellendurchmesser[1)2)] (Torsion und Biegung)

$$d \approx 3{,}4 \cdot \sqrt[3]{M_v/\sigma_{grenz}}$$

1) Dimensionierungsformeln fassen Sicherheitszahl, Belastung, Belastungskombinationen und z.T. Konstruktionserfahrungen zusammen.

2) Bei noch unbekannten Längen: $M_V \approx 1{,}17 \cdot M_t$ (Lagerabstand normal), $M_V \approx 2{,}1 \cdot M_t$ (Lagerabstand groß)

Gestaltfestigkeit, vereinfachter dynamischer Spannungsnachweis

Beispiel:
Spannungsverteilung bei Zugbeanspruchung

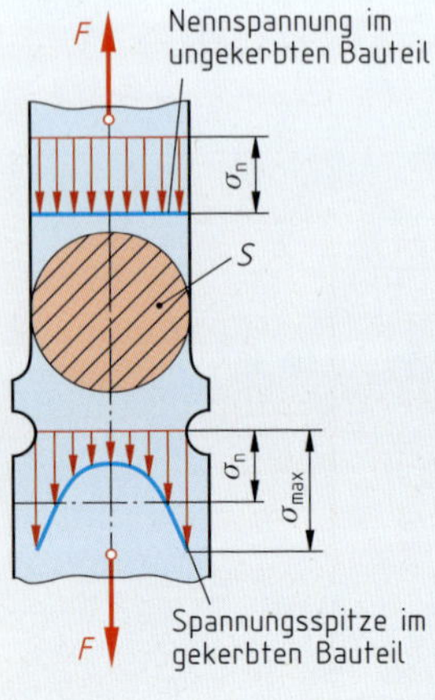

Gestaltfestigkeit (Wechselfestigkeit unter zusätzlicher Berücksichtigung der festigkeitsmindernden Einflüsse)

$\sigma(\tau)_{GW}$	Gestaltwechselfestigkeit	N/mm²
$\sigma(\tau)_W$	Wechselfestigkeit	N/mm²
b_1	Oberflächenbeiwert	–
b_2	Größenbeiwert	–
β_k	Kerbwirkungszahl	–

Spannungsnachweis allgemein

$\sigma(\tau)_{avorh}$	vorhandene Ausschlagspannung	N/mm²
$\sigma(\tau)_{zul}$	zulässige Spannung	N/mm²

Vereinfachter Spannungsnachweis
(Vereinfachung: $\sigma_{GA} = \sigma_{GW}$, $\tau_{GA} = \tau_{GW}$)

$\sigma(\tau)_{zul}$	zulässige Spannung	N/mm²
$\sigma(\tau)_{GW}$	Gestaltwechselfestigkeit	N/mm²
$\sigma(\tau)_{GA}$	Gestaltausschlagfestigkeit	N/mm²
ν_D	Sicherheit gegen Dauerbruch	–

Gestaltwechselfestigkeit (dynamische Beanspruchung)

$$\sigma_{GW} = \frac{\sigma_W \cdot b_1 \cdot b_2}{\beta_k}$$

$$\tau_{GW} = \frac{\tau_W \cdot b_1 \cdot b_2}{\beta_k}$$

Nachweis der Spannungen (allgemein)

$$\sigma_{avorh} \leq \sigma_{zul}$$
$$\tau_{avorh} \leq \tau_{zul}$$

zulässige Spannung vereinfachter Nachweis (dynamische Beanspruchung)

$$\sigma_{zul} = \frac{\sigma_{GW}}{\nu_D} = \frac{\sigma_{GA}}{\nu_D}$$

$$\tau_{zul} = \frac{\tau_{GW}}{\nu_D} = \frac{\tau_{GA}}{\nu_D}$$

Werkstoffprüfung

Zugversuch

Spannungs-Dehnungs-Diagramm mit ausgeprägter Streckgrenze, z.B. bei weichem Stahl

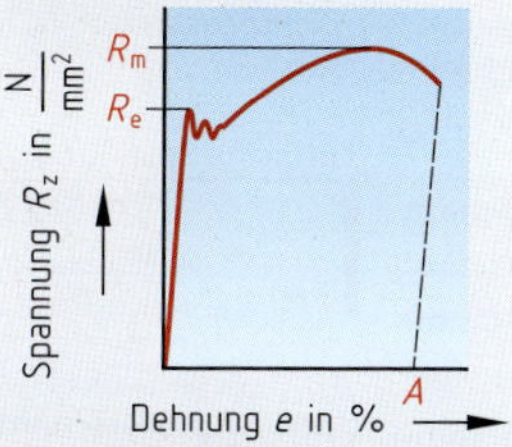

Spannungs-Dehnungs-Diagramm ohne ausgeprägte Streckgrenze, z.B. bei vergütetem Stahl

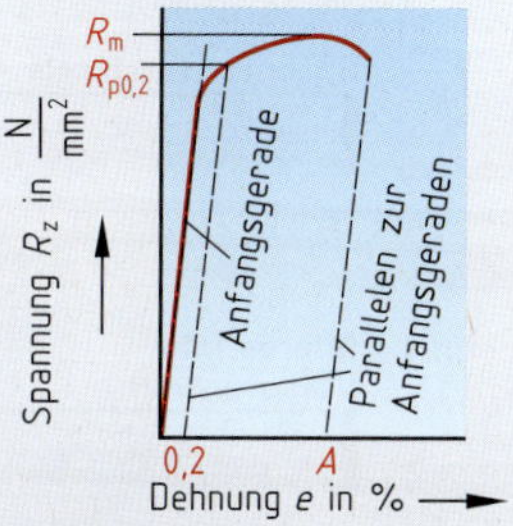

Zugprobe

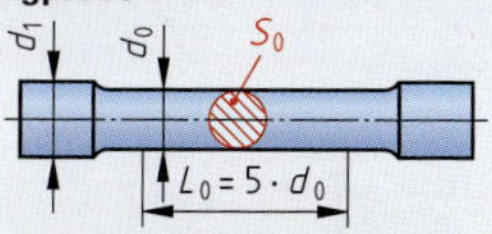

F	Zugkraft	N
F_m	Höchstzugkraft	N
F_e	Zugkraft an der Streckgrenze	N
$F_{p\,0,2}$	Zugkraft an der Dehngrenze	N
L	Messlänge	mm
L_0	Anfangsmesslänge	mm
L_u	Messlänge nach dem Bruch der Probe	mm
d_0	Anfangsdurchmesser der Probe	mm
S_0	Anfangsquerschnitt der Probe	mm²
S_u	kleinster Probenquerschnitt nach dem Bruch	mm²
e	Dehnung	%
A	Bruchdehnung	%
Z	Brucheinschnürung	%
R	Zugspannung	N/mm²
R_m	Zugfestigkeit	N/mm²
R_e	Streckgrenze	N/mm²
$R_{p\,0,2}$	Dehngrenze	N/mm²

Zugspannung

$$R = \frac{F}{S_0}$$

$$F = R \cdot S_0$$

Zugfestigkeit

$$R_m = \frac{F_m}{S_0}$$

Streckgrenze

$$R_e = \frac{F_e}{S_0}$$

Dehngrenze

$$R_{p\,0,2} = \frac{F_{p\,0,2}}{S_0}$$

Dehnung

$$e = \frac{L - L_0}{L_0} \cdot 100\,\%$$

Bruchdehnung

$$A = \frac{L_u - L_0}{L_0} \cdot 100\,\%$$

Brucheinschnürung

$$Z = \frac{S_0 - S_u}{S_0} \cdot 100\,\%$$

Bestimmung der Eigenschaften von Kunststoffen bei Zugbeanspruchung

typische Spannungs-Dehnungs-Kurven

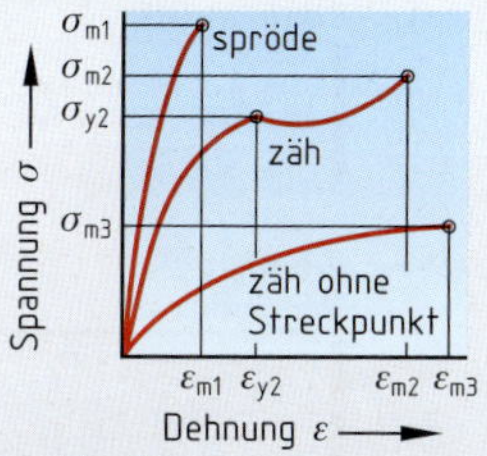

Probekörper

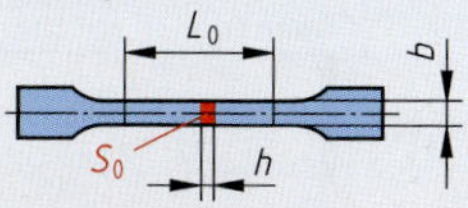

F_m	Höchstkraft	N
F_y	Streckspannungskraft	N
ΔL_{Fm}	Längenänderung bei Höchstkraft	mm
ΔL_{Fy}	Längenänderung bei Streckspannungskraft	mm
L_0	Messlänge	mm
S_0	Anfangsquerschnitt	mm²
σ_m	Zugfestigkeit	N/mm²
σ_y	Streckspannung	N/mm²
ε_m	Höchstdehnung	%
ε_y	Streckdehnung	%

Zugfestigkeit

$$\sigma_m = \frac{F_m}{S_0}$$

Streckspannung

$$\sigma_y = \frac{F_y}{S_0}$$

Höchstdehnung

$$\varepsilon_m = \frac{L_{Fm}}{L_0} \cdot 100\,\%$$

Streckdehnung

$$\varepsilon_y = \frac{L_{Fy}}{L_0} \cdot 100\,\%$$

Berechnung von Schrauben

Die meisten Schrauben (einfache Verbindungen) werden ohne Kontrolle des Anziehdrehmoments montiert. Für das Anziehen von Hand liegen Erfahrungswerte[1] für die Vorspannkraft F_v und die Vorspannung σ_v vor. Für die Mindeststreckgrenze ist ein Sicherheitsfaktor von 1,5 vorzusehen.

Betriebskraft in Achsrichtung

Bei Berechnung der Schrauben allein über die axiale Betriebskraft F_B wird ein hoher Sicherheitsfaktor (z. B. $\nu = 2{,}5$) berücksichtigt, der die ungenaue Berechnung der Schraubengesamtkraft kompensiert.

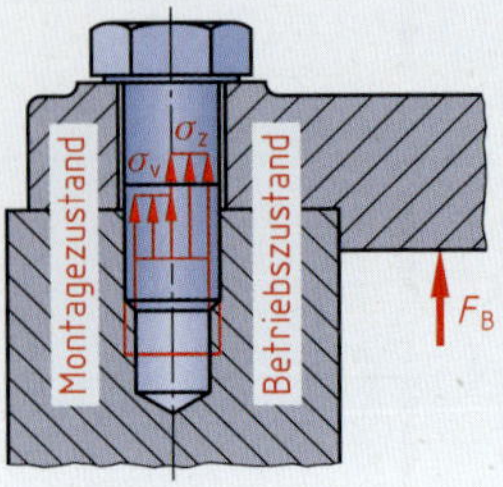

F_B	Betriebskraft	N
R_e	Streckgrenze	N/mm²
$R_{e\,erf}$	Mindeststreckgrenze	N/mm²
σ_{zul}	Zulässige Spannung	N/mm²
σ_v	Vorspannung	N/mm² (lt. Tabelle)
S	Spannungsquerschnitt	mm²
ν	Sicherheitsfaktor $\nu = 2{,}5$	

[1] Werte beim Anziehen von Hand

d	F_V in N	σ_v in N/mm²
M6	7 000	350
M8	10 000	280
M10	16 000	

Zulässige Spannung

$$\sigma_{zul} = \frac{R_e}{\nu}$$

Spannungsquerschnitt

$$S = \frac{F_B}{\sigma_{zul}}$$

Spannungsnachweis

$$R_{e\,erf} \geq 1{,}5 \cdot \sigma_v$$

Betriebskraft quer zur Achsrichtung

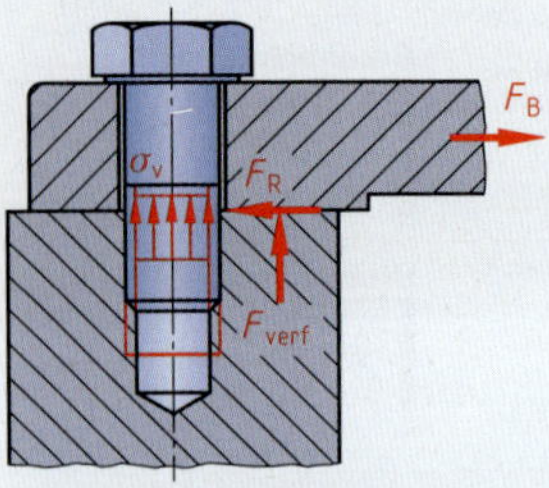

F_B	Betriebskraft	N
R_e	Streckgrenze	N/mm²
F_R	Reibungskraft	N
F_{verf}	erforderliche Vorspannkraft	kN
μ	Reibungszahl	
φ	Rutschsicherheit	
S	Spannungsquerschnitt	mm²
σ_{zul}	zulässige Spannung	N/mm²

$$\sigma_{zul} = \frac{R_e}{1{,}5}$$

Erforderliche Vorspannkraft

$$F_{verf} = \frac{\varphi \cdot F_B}{\mu}$$

Spannungsquerschnitt

$$S = \frac{F_{verf}}{\sigma_{zul}}$$

Scheibenkupplung

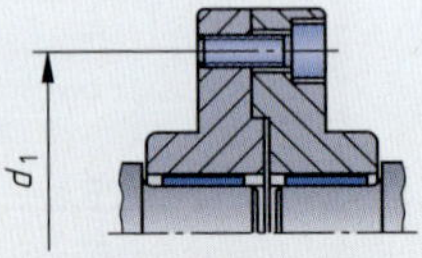

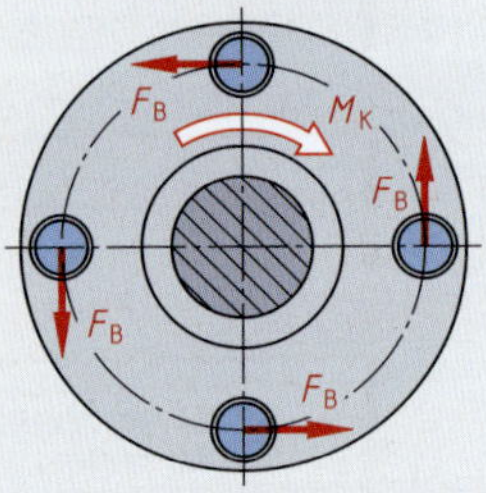

F_B	Betriebskraft	N
F_R	Reibungskraft	N
M_K	Kupplungsmoment	N · m
d_1	Teilkreisdurchmesser	mm
n	Anzahl der Schrauben	
F_{verf}	erforderliche Vorspannkraft	kN
μ	Reibungszahl	
φ	Rutschsicherheit	
S	Spannungsquerschnitt	mm²
σ_{zul}	zulässige Spannung	N/mm²

$$\sigma_{zul} = \frac{R_e}{1{,}5}$$

Vorhandene Betriebskraft

$$F_B = \frac{M_K \cdot 2}{n \cdot d_1}$$

Erforderliche Vorspannkraft

$$F_{verf} = \frac{\varphi \cdot F_B}{\mu}$$

Spannungsquerschnitt

$$S = \frac{F_{verf}}{\sigma_{zul}}$$

Wärmetechnik

Temperatureinheiten

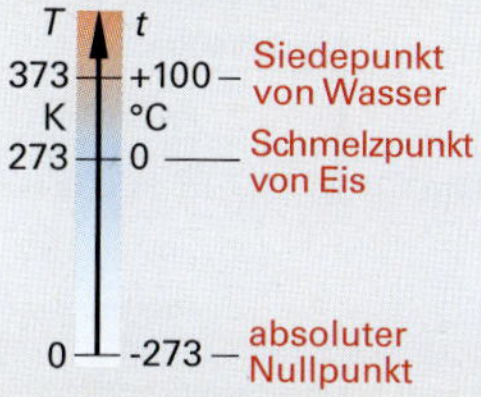

Die thermodynamische Temperatur in Kelvin (K) geht von der tiefstmöglichen Temperatur (vom absoluten Nullpunkt) aus, die Celsiustemperatur vom Schmelzpunkt des Eises.

T	thermodynamische Temperatur	K
t, ϑ	Celsius-Temperatur	°C
t_F	Fahrenheit-Temperatur	°F

Thermodynamische Temperatur

$$T = t + 273$$

$$t = T - 273$$

Fahrenheit-Temperatur

$$t_F = 1{,}8 \cdot t + 32$$

Längenänderung

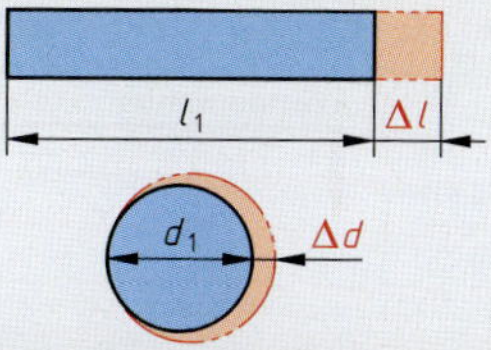

α_l	Längenausdehnungskoeffizient	1/K, 1/°C
Δt, $\Delta\vartheta$, ΔT	Temperaturänderung	K, °C
Δl	Längenänderung	mm
Δd	Durchmesseränderung	mm
l_1	Anfangslänge	mm
d_1	Anfangsdurchmesser	mm

Längenänderung

$$\Delta l = \alpha_l \cdot l_1 \cdot \Delta t$$

Durchmesseränderung

$$\Delta d = \alpha_l \cdot d_1 \cdot \Delta t$$

Volumenänderung

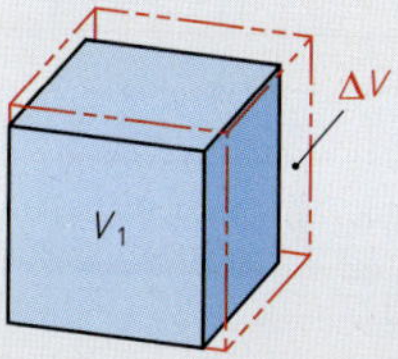

α_V	Volumenausdehnungskoeffizient	1/K, 1/°C
Δt, $\Delta\vartheta$, ΔT	Temperaturänderung	K, °C
ΔV	Volumenänderung	dm³, l
V_1	Anfangsvolumen	dm³, l

Volumenänderung

$$\Delta V = \alpha_V \cdot V_1 \cdot \Delta t$$

$$\alpha_V \approx 3 \cdot \alpha_l$$

Zustandsänderung von Gasen

Verdichtung

Zustand 1 **Zustand 2**

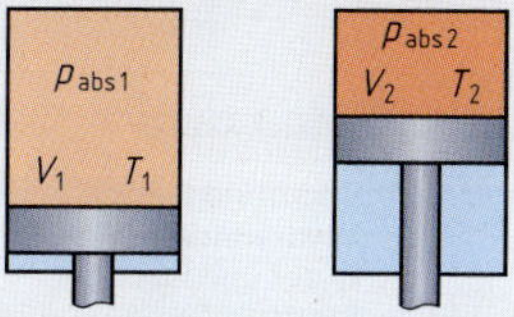

Gesetz von Boyle-Mariotte

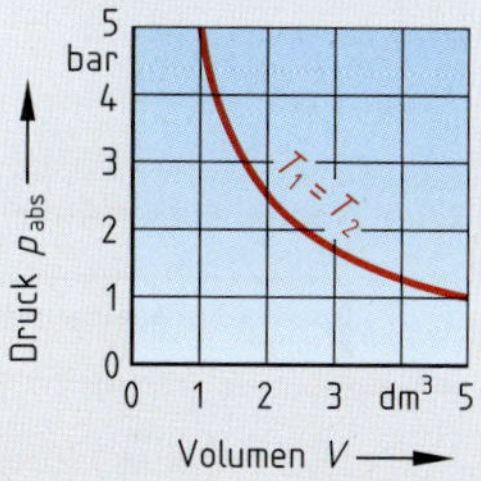

Zustand 1

p_{abs1}	absoluter Druck	bar
V_1	Volumen	dm³, l
T_1	absolute Temperatur	K

Zustand 2

p_{abs2}	absoluter Druck	bar
V_2	Volumen	dm³, l
T_2	absolute Temperatur	K

1 l = 1 dm³ = 1000 cm³ = 0,001 m³

Allgemeine Gasgleichung

$$\frac{p_{abs1} \cdot V_1}{T_1} = \frac{p_{abs2} \cdot V_2}{T_2}$$

Sonderfälle:

bei konstanter Temperatur ($T_1 = T_2$): Gesetz von Boyle-Mariotte

$$p_{abs1} \cdot V_1 = p_{abs2} = V_2$$

bei konstantem Volumen ($V_1 = V_2$)

$$\frac{p_{abs1}}{T_1} = \frac{p_{abs2}}{T_2}$$

bei konstantem Druck ($p_{abs1} = p_{abs2}$)

$$\frac{V_1}{T_1} = \frac{V_2}{T_2}$$

Wärmetechnik

Schwindung

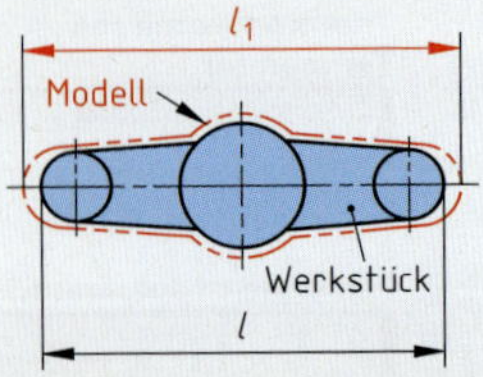

S	Schwindmaß	%
l	Werkstücklänge	mm
l_1	Modelllänge	mm

Modelllänge

$$l_1 = \frac{l \cdot 100\%}{100\% - S}$$

$$l = \frac{l_1 \cdot (100\% - S)}{100\%}$$

Wärmemenge bei Temperaturänderung

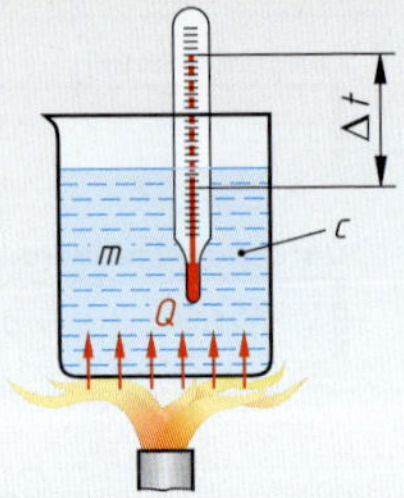

Q	Wärmemenge	kJ
m	Masse	kg
c	spezifische Wärmekapazität	$\frac{kJ}{kg \cdot K}$
$\Delta t, \Delta\vartheta, \Delta T$	Temperaturänderung	K, °C

Wärmemenge

$$Q = c \cdot m \cdot \Delta t$$

$$\Delta t = \frac{Q}{c \cdot m}$$

Schmelzwärme, Verdampfungswärme

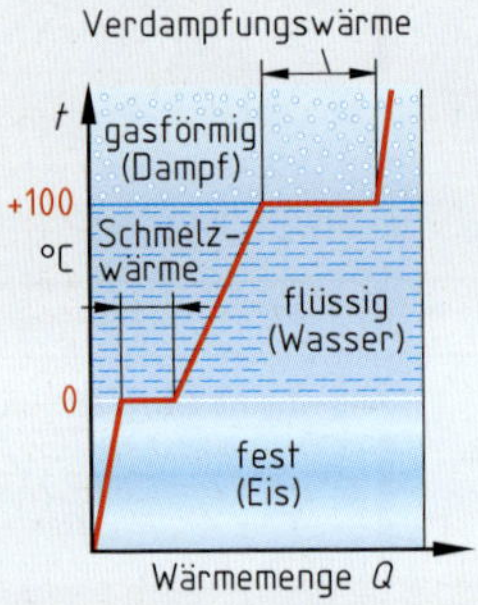

Q	Schmelzwärme, Verdampfungswärme	kJ
q	spezifische Schmelzwärme	kJ/kg
r	spezifische Verdampfungswärme	kJ/kg
m	Masse	kg

Schmelzwärme

$$Q = q \cdot m$$

$$m = \frac{Q}{q}$$

Verdampfungswärme

$$Q = r \cdot m$$

$$m = \frac{Q}{r}$$

Verbrennungswärme

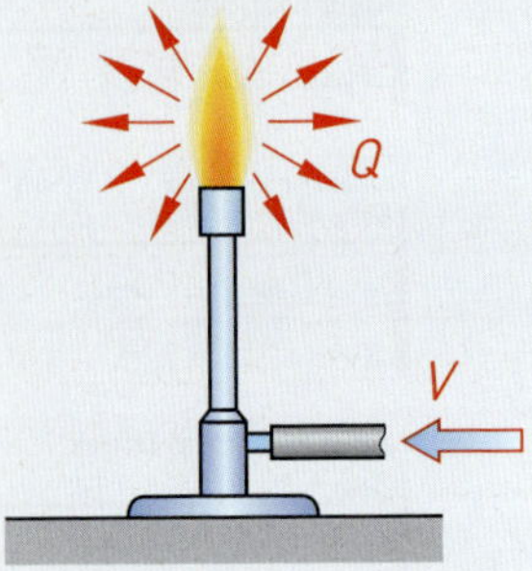

Q	Verbrennungswärme	MJ
H, H_u	spezifischer Heizwert fester und flüssiger Brennstoffe	MJ/kg
H, H_u	spezifischer Heizwert von Gasen	MJ/m³
m	Masse fester und flüssiger Brennstoffe	kg
V	Volumen von Brenngasen	m³

Verbrennungswärme fester und flüssiger Stoffe

$$Q = H_u \cdot m$$

$$m = \frac{Q}{H_u}$$

Verbrennungswärme von Gasen

$$Q = H_u \cdot V$$

$$V = \frac{Q}{H_u}$$

Elektrotechnik

Ohmsches Gesetz

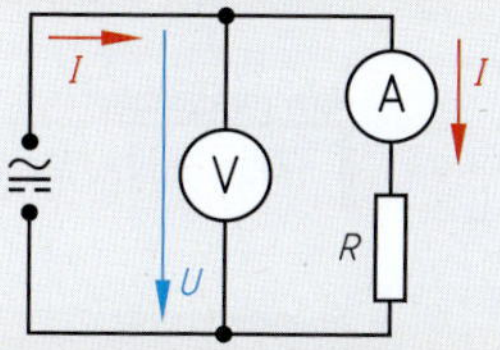

U	Spannung	V
I	Stromstärke	A
R	Widerstand	Ω

$$1\ \Omega = \frac{1\ \text{V}}{1\ \text{A}}$$

Stromstärke

$$I = \frac{U}{R}$$

$$R = \frac{U}{I} \qquad U = I \cdot R$$

Widerstand und Leitwert

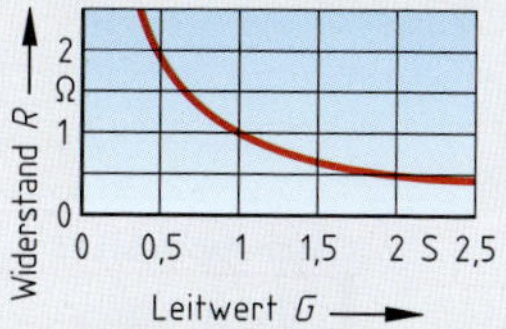

R	Widerstand	Ω
G	Leitwert	S

Widerstand

$$R = \frac{1}{G}$$

Leitwert

$$G = \frac{1}{R}$$

Spezifischer elektrischer Widerstand, elektrische Leitfähigkeit, Leiterwiderstand

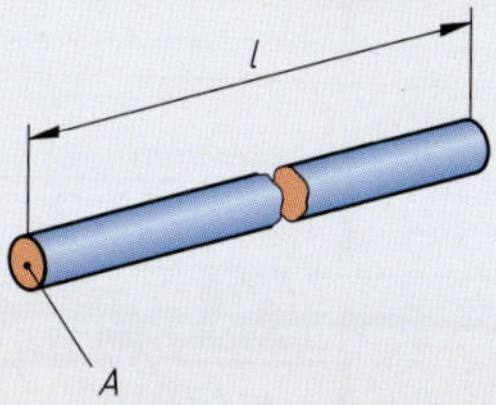

ϱ	spezifischer elektrischer Widerstand	Ω · mm²/m
γ	elektrische Leitfähigkeit	m/(Ω · mm²)
R	Widerstand	Ω
A	Leiterquerschnitt	mm²
l	Leiterlänge	m

Spezifischer elektrischer Widerstand

$$\varrho = \frac{1}{\gamma}$$

Leiterwiderstand

$$R = \frac{\varrho \cdot l}{A}$$

Widerstand und Temperatur

Temperaturkoeffizient α	
Werkstoff	**α in 1/K**
Aluminium	0,0040
Blei	0,0039
Gold	0,0037
Kupfer	0,0039
Silber	0,0038
Wolfram	0,0044
Zinn	0,0045
Zink	0,0042
Grafit	– 0,0013
Konstantan	± 0,00001

ΔR	Widerstandsänderung	Ω
R_{20}	Widerstand bei 20 °C	Ω
R_t	Widerstand bei der Temperatur t	Ω
α	Temperaturkoeffizient (T_k-Wert)	1/K
Δt	Temperaturdifferenz	K

Widerstandsänderung

$$\Delta R = \alpha \cdot R_{20} \cdot \Delta t$$

Widerstand bei Temperatur *t*

$$R_t = R_{20} + \Delta R$$

$$R_t = R_{20} \cdot (1 + \alpha \cdot \Delta t)$$

Stromdichte in Leitern

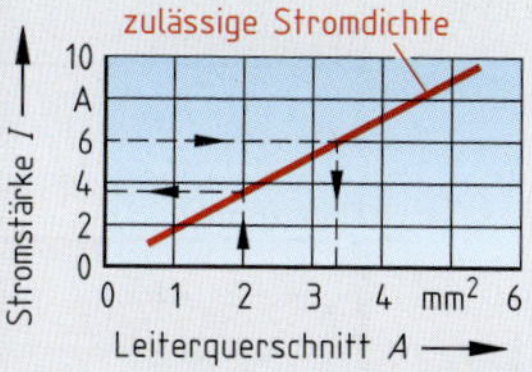

J	Stromdichte	A/mm²
I	Stromstärke	A
A	Leiterquerschnitt	mm²

Stromdichte

$$J = \frac{I}{A}$$

Elektrotechnik

Spannungsabfall in Leitern

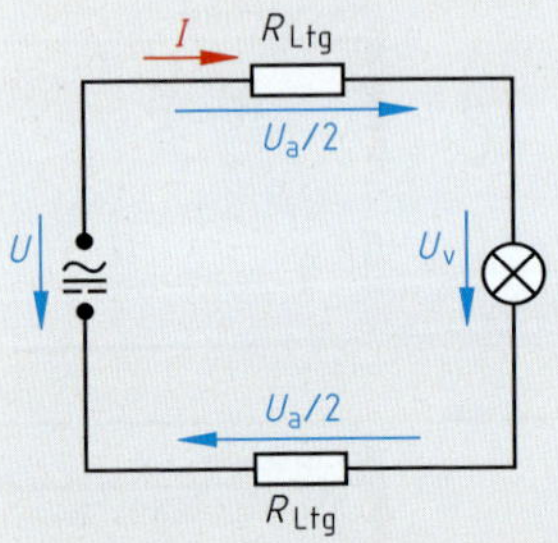

U_a	Spannungsabfall im Leiter	V
U	Klemmenspannung	V
U_v	Spannung am Verbraucher	V
I	Stromstärke	A
R_{Ltg}	Leiterwiderstand für Zuleitung bzw. Rückleitung	Ω

Spannungsabfall

$$U_a = 2 \cdot I \cdot R_{Ltg}$$

Spannung am Verbraucher

$$U_v = U - U_a$$

Reihenschaltung von Widerständen

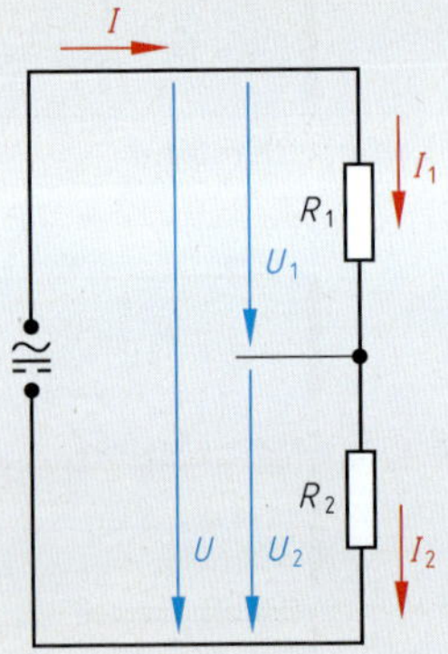

R	Gesamtwiderstand	Ω
I	Gesamtstrom	A
U	Gesamtspannung	V
R_1, R_2	Einzelwiderstände	Ω
I_1, I_2	Teilströme	A
U_1, U_2	Teilspannungen	V

Gesamtwiderstand

$$R = R_1 + R_2 + \ldots$$

Gesamtspannung

$$U = U_1 + U_2 + \ldots$$

Gesamtstrom

$$I = I_1 = I_2 = \ldots$$

Teilspannungen

$$\frac{U_1}{U_2} = \frac{R_1}{R_2}$$

Parallelschaltung von Widerständen

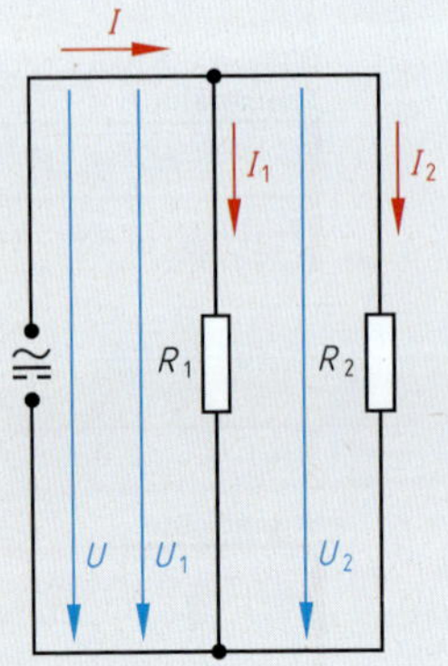

R	Gesamtwiderstand	Ω
I	Gesamtstrom	A
U	Gesamtspannung	V
R_1, R_2	Einzelwiderstände	Ω
I_1, I_2	Teilströme	A
U_1, U_2	Teilspannungen	V

Gesamtwiderstand

$$\frac{1}{R} = \frac{1}{R_1} + \frac{1}{R_2} + \ldots$$

Gesamtwiderstand bei nur 2 Teilwiderständen

$$R = \frac{R_1 \cdot R_2}{R_1 + R_2}$$

Gesamtspannung

$$U = U_1 = U_2 = \ldots$$

Gesamtstrom

$$I = I_1 + I_2 + \ldots$$

Teilströme

$$\frac{I_1}{I_2} = \frac{R_2}{R_1}$$

Elektrotechnik

Elektrische Arbeit

W	elektrische Arbeit	kW·h
P	elektrische Leistung	kW
t	Zeit	h

1 kW·h = 3,6 MJ = 3 600 000 W·s

Elektrische Arbeit

$$W = P \cdot t$$

$$P = \frac{W}{t} \qquad t = \frac{W}{P}$$

Elektrische Leistung bei ohmscher Belastung[1]

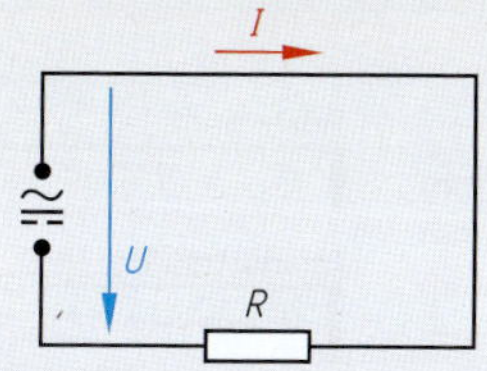

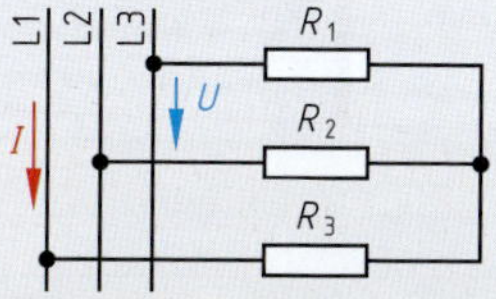

P	elektrische Leistung	W
U	Spannung (Leiterspannung)	V
I	Stromstärke	A
R	Widerstand	Ω

[1] d. h. nur bei Wärmegeräten (ohmsche Widerstände)

Leistung bei Gleich- oder Wechselstrom

$$P = U \cdot I$$

$$P = I^2 \cdot R$$

$$P = \frac{U^2}{R}$$

Leistung bei Drehstrom

$$P = \sqrt{3} \cdot U \cdot I$$

Wirkleistung bei Wechsel- und Drehstrom mit induktivem oder kapazitivem Lastanteil[2]

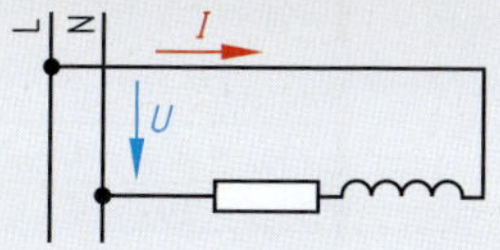

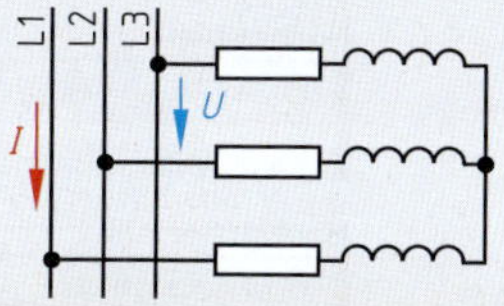

P	Wirkleistung	W
U	Spannung (Leiterspannung)	V
I	Stromstärke	A
$\cos \varphi$	Leistungsfaktor	–

[2] z. B. bei Elektromotoren und Generatoren

Wirkleistung bei Wechselstrom

$$P = U \cdot I \cdot \cos \varphi$$

Wirkleistung bei Drehstrom

$$P = \sqrt{3} \cdot U \cdot I \cdot \cos \varphi$$

Transformator

Eingangsseite (Primärspule) **Ausgangsseite** (Sekundärspule)

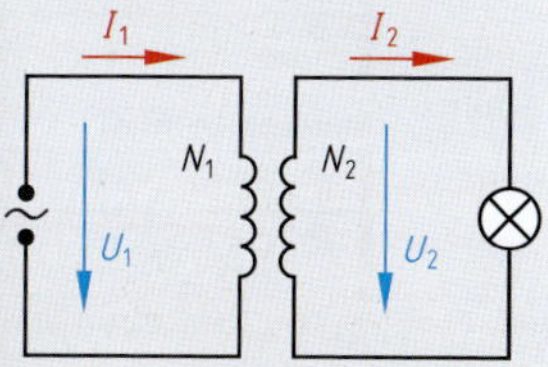

N_1, N_2	Windungszahlen	–
U_1, U_2	Spannungen	V
I_1, I_2	Stromstärken	A

Spannungen

$$\frac{U_1}{U_2} = \frac{N_1}{N_2}$$

Stromstärken

$$\frac{I_1}{I_2} = \frac{N_2}{N_1}$$

$$I_1 = \frac{N_2 \cdot I_2}{N_1} \qquad I_2 = \frac{I_1 \cdot N_1}{N_2}$$

Toleranzen und Passungen

Grenzmaße und Toleranzen für Bohrungen[1]

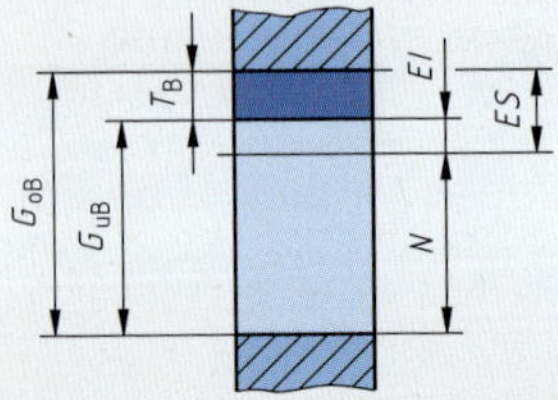

N	Nennmaß	mm
G_{oB}	Höchstmaß Bohrung	mm
G_{uB}	Mindestmaß Bohrung	mm
ES	oberes Grenzabmaß Bohrung	mm
EI	unteres Grenzabmaß Bohrung	mm
T_B	Toleranz Bohrung	mm

Höchstmaß

$$G_{oB} = N + ES$$

Mindestmaß

$$G_{uB} = N + EI$$

Toleranz

$$T_B = ES - EI$$

$$T_B = G_{oB} - G_{uB}$$

Grenzmaße und Toleranzen für Wellen[1]

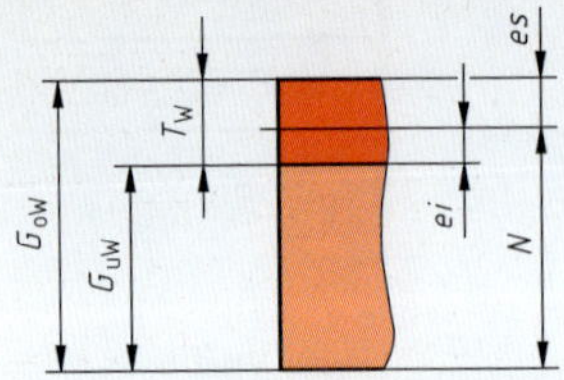

N	Nennmaß	mm
G_{oW}	Höchstmaß Welle	mm
G_{uW}	Mindestmaß Welle	mm
es	oberes Grenzabmaß Welle	mm
ei	unteres Grenzabmaß Welle	mm
T_W	Toleranz Welle	mm

Höchstmaß

$$G_{oW} = N + es$$

Mindestmaß

$$G_{uW} = N + ei$$

Toleranz

$$T_W = es - ei$$

$$T_W = G_{oW} - G_{uW}$$

Passungen

Spielpassung[1]

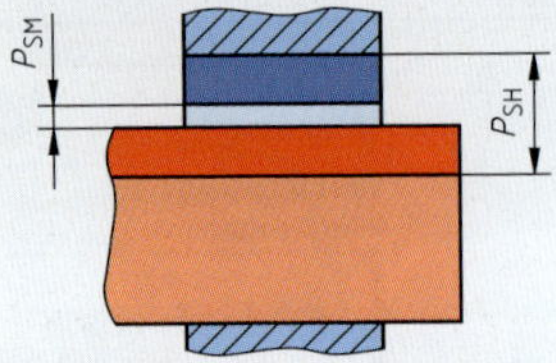

P_{SH}	Höchstspiel	mm
P_{SM}	Mindestspiel	mm

Höchstspiel

$$P_{SH} = G_{oB} - G_{uW}$$

$$P_{SH} = ES - ei$$

Mindestspiel

$$P_{SM} = G_{uB} - G_{oW}$$

$$P_{SM} = EI - es$$

Übergangspassung[1]

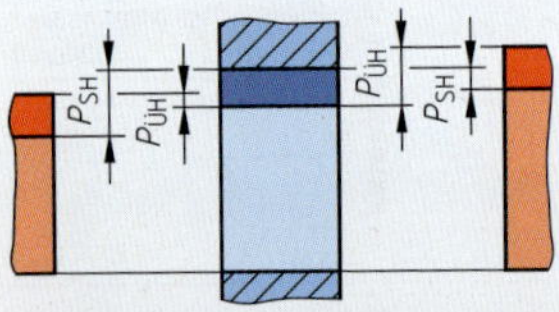

P_{SH}	Höchstspiel	mm
$P_{ÜH}$	Höchstübermaß	mm

Höchstspiel

$$P_{SH} = G_{oB} - G_{uW}$$

$$P_{SH} = ES - ei$$

Höchstübermaß

$$P_{ÜH} = G_{uB} - G_{oW}$$

$$P_{ÜH} = EI - es$$

Übermaßpassung[1]

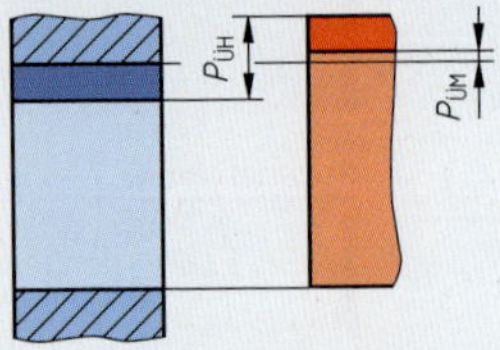

$P_{ÜH}$	Höchstübermaß	mm
$P_{ÜM}$	Mindestübermaß	mm

Höchstübermaß

$$P_{ÜH} = G_{uB} - G_{oW}$$

$$P_{ÜH} = EI - es$$

Mindestübermaß

$$P_{ÜM} = G_{oB} - G_{uW}$$

$$P_{ÜM} = ES - ei$$

[1] Grenzabmaße sind in Tabellen meist in µm angegeben. Zur Berechnung von Grenzmaßen, Toleranzen und Passungen müssen sie zuerst in mm umgerechnet werden.

Toleranzen und Passungen

Begriffe

vgl. DIN EN ISO 286-1 (2010-11)

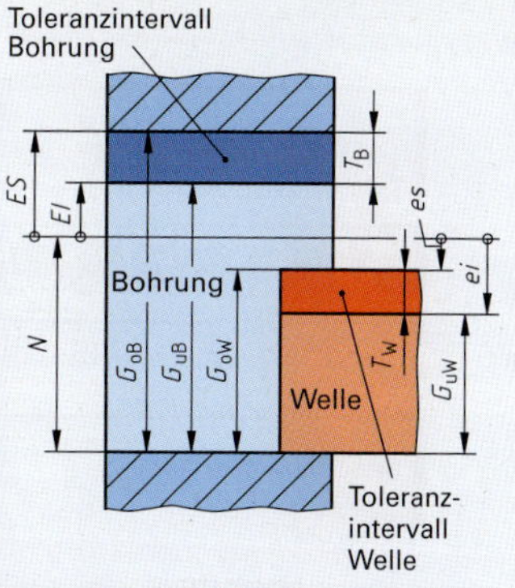

Bohrung

N	Nennmaß
G_{oB}	Höchstmaß Bohrung
G_{uB}	Mindestmaß Bohrung
ES	oberes Grenzabmaß Bohrung
EI	unteres Grenzabmaß Bohrung
T_B	Toleranz Bohrung

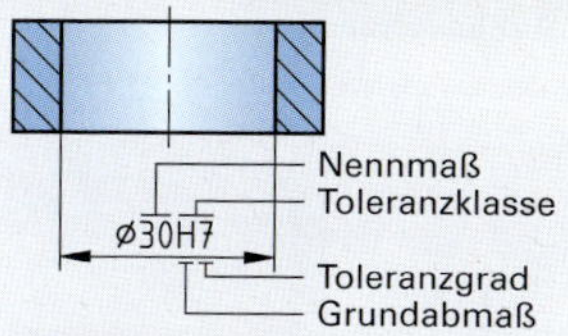

Welle

N	Nennmaß
G_{oW}	Höchstmaß Welle
G_{uW}	Mindestmaß Welle
es	oberes Grenzabmaß Welle
ei	unteres Grenzabmaß Welle
T_W	Toleranz Welle

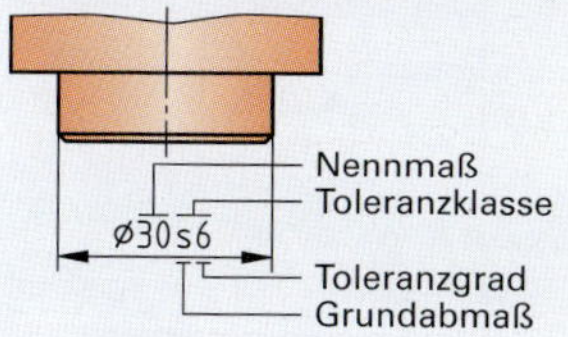

Bezeichnung	Erklärung	Bezeichnung	Erklärung
Nennmaß	Theoretisch genaues Maß eines Geometrieelementes.	**Toleranzgrad**	Zahl des Grundtoleranzgrades, z. B. 7 bei IT7.
Grenzabmaß	Oberes bzw. unteres Abmaß, bezogen auf das Nennmaß.	**Grundtoleranz**	Die einem Grundtoleranzgrad, z. B. IT7, und einem Nennmaßbereich, z. B. 30 … 50 mm, zugeordnete Toleranz.
Toleranzintervall	Bereich zwischen Mindestmaß und Höchstmaß.	**Grundabmaß**	Grenzabmaß, das am nächsten beim Nennmaß liegt. Grundabmaße werden mit Buchstaben, z. B. H, h, gekennzeichnet.
Toleranz	Differenz zwischen Höchst- und Mindestmaß bzw. zwischen oberem und unterem Grenzabmaß.	**Toleranzklasse**	Kombination eines Grundabmaßes mit einem Toleranzgrad, z. B. H7.
Grundtoleranzgrad	Eine Gruppe von Toleranzen, die dem gleichen Genauigkeitsniveau, z. B. IT7, zugeordnet sind.	**Passung**	Geplanter Fügezustand zwischen Bohrung und Welle.

Passungssysteme

vgl. DIN EN ISO 286-1 (2010-11)

Passungssystem Einheitsbohrung (alle Bohrungsmaße besitzen das Grundabmaß H)

Grundabmaße für Wellen

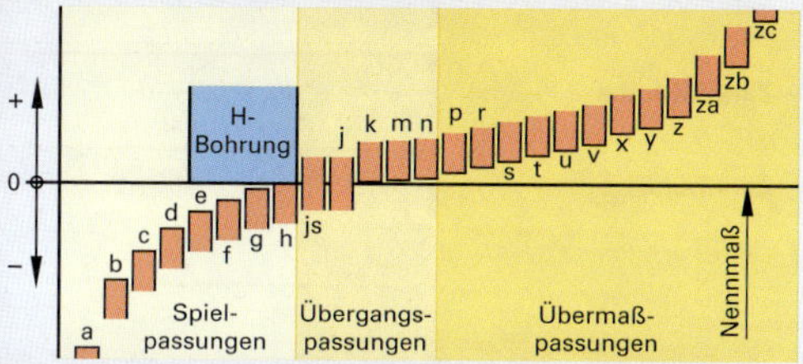

Beispiele für Nennmaß 25, Toleranzgrad 7

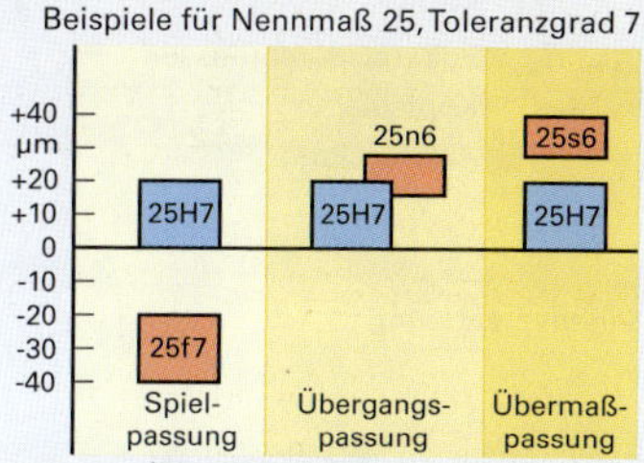

Passungssystem Einheitswelle (alle Wellenmaße besitzen das Grundabmaß h)

Grundabmaße für Bohrungen

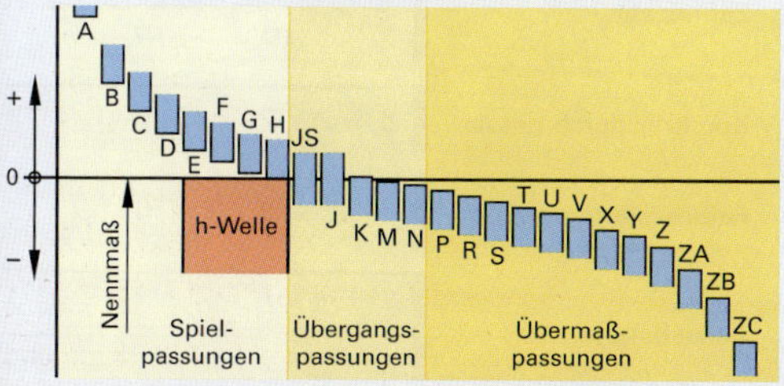

Beispiele für Nennmaß 25, Toleranzgrad 6

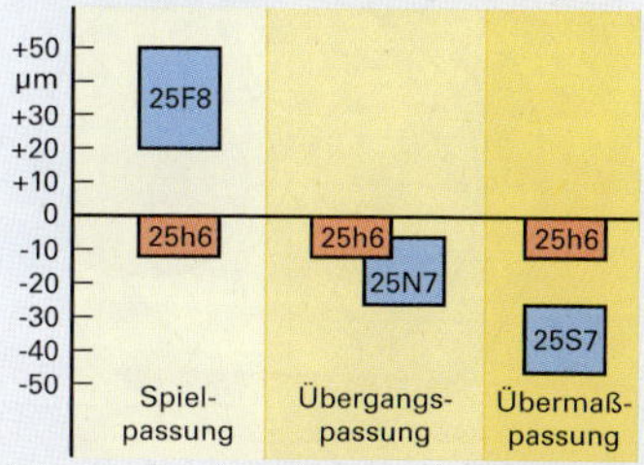

Zahnradmaße

Nicht korrigierte Stirnräder mit Geradverzahnung

Außenverzahnung

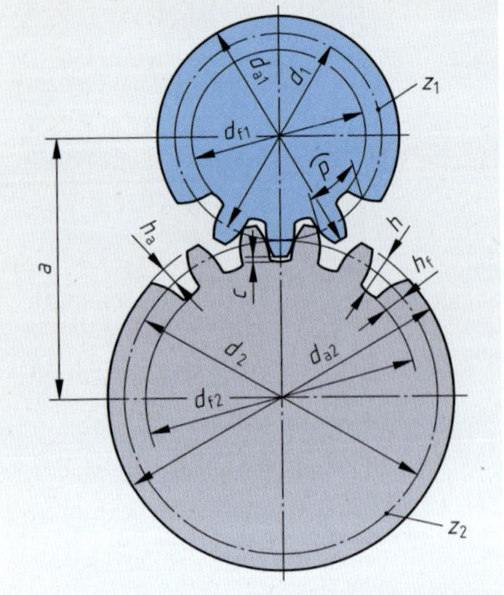

m	Modul	mm
p	Teilung	mm
z, z_1, z_2	Zähnezahlen	–
h	Zahnhöhe	mm
h_a	Zahnkopfhöhe	mm
h_f	Zahnfußhöhe	mm
d, d_1, d_2	Teilkreisdurchmesser	mm
d_a, d_{a1}, d_{a2}	Kopfkreisdurchmesser	mm
d_f, d_{f1}, d_{f2}	Fußkreisdurchmesser	mm
c	Kopfspiel	mm
a	Achsabstand	mm

Innenverzahnung

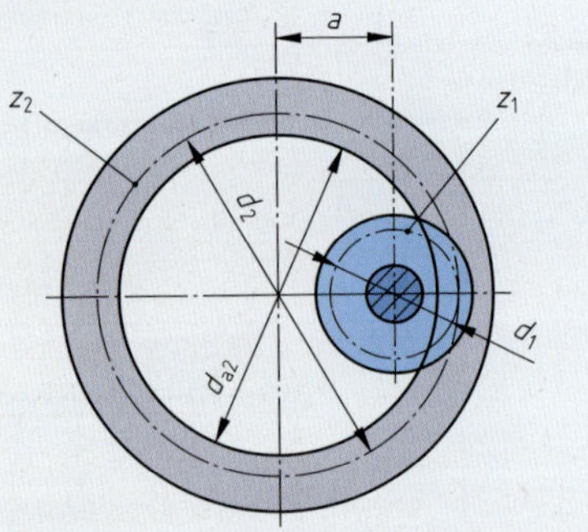

Maße außenverzahnter Räder

Zähnezahl
$$z = \frac{d}{m} = \frac{d_a - 2 \cdot m}{m}$$

Kopfkreisdurchmesser
$$d_a = d + 2 \cdot m = m \cdot (z + 2)$$

Fußkreisdurchmesser
$$d_f = d - 2 \cdot (m + c)$$

Achsabstand
$$a = \frac{d_1 + d_2}{2} = \frac{m \cdot (z_1 + z_2)}{2}$$

Gemeinsame Maße innen- und außenverzahnter Räder

Modul
$$m = \frac{p}{\pi} = \frac{d}{z}$$

Teilung
$$p = \pi \cdot m$$

Teilkreisdurchmesser
$$d = m \cdot z$$

Kopfspiel
$$c = 0{,}1 \cdot m \text{ bis } 0{,}3 \cdot m$$
häufig $c = 0{,}167 \cdot m$

Zahnkopfhöhe
$$h_a = m$$

Zahnfußhöhe
$$h_f = m + c$$

Zahnhöhe
$$h = 2 \cdot m + c$$

Maße innenverzahnter Räder

Zähnezahl
$$z = \frac{d}{m} = \frac{d_a + 2 \cdot m}{m}$$

Kopfkreisdurchmesser
$$d_a = d - 2 \cdot m = m \cdot (z - 2)$$

Fußkreisdurchmesser
$$d_f = d + 2 \cdot (m + c)$$

Achsabstand
$$a = \frac{d_2 - d_1}{2} = \frac{m \cdot (z_2 - z_1)}{2}$$

Übersetzungen

Zahnradtrieb

einfache Übersetzung

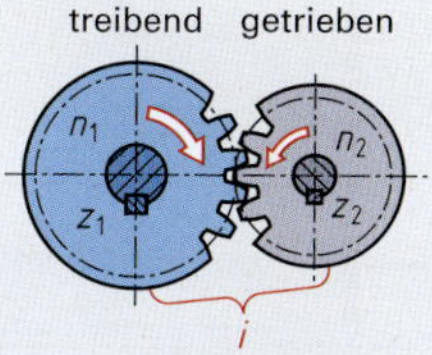

mehrfache Übersetzung

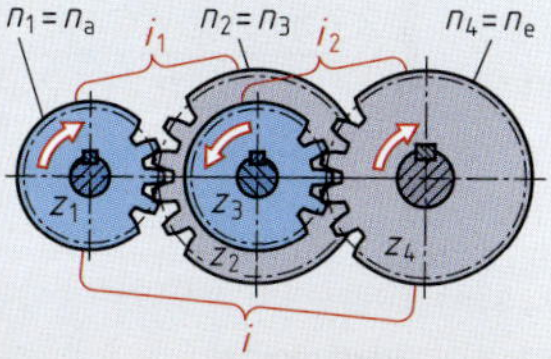

treibende Räder

z_1, z_3, z_5 ...	Zähnezahlen	–
n_1, n_3, n_5 ...	Drehzahlen	1/min
n_a	Anfangsdrehzahl	1/min

getriebene Räder

z_2, z_4, z_6 ...	Zähnezahlen	–
n_2, n_4, n_6 ...	Drehzahlen	1/min
n_e	Enddrehzahl	1/min

für den gesamten Zahnradtrieb

i	Gesamtübersetzungsverhältnis	–
i_1, i_2, i_3 ...	Einzelübersetzungsverhältnisse	–

Drehmomente bei Zahnrädern: Seite 23

Antriebsformel

$$n_1 \cdot z_1 = n_2 \cdot z_2$$

Übersetzungsverhältnis

$$i = \frac{z_2}{z_1} = \frac{n_1}{n_2} = \frac{n_a}{n_e}$$

Gesamtübersetzungsverhältnis

$$i = \frac{z_2 \cdot z_4 \cdot z_6 \ldots}{z_1 \cdot z_3 \cdot z_5 \ldots}$$

$$i = i_1 \cdot i_2 \cdot i_3 \ldots$$

Riementrieb

einfache Übersetzung

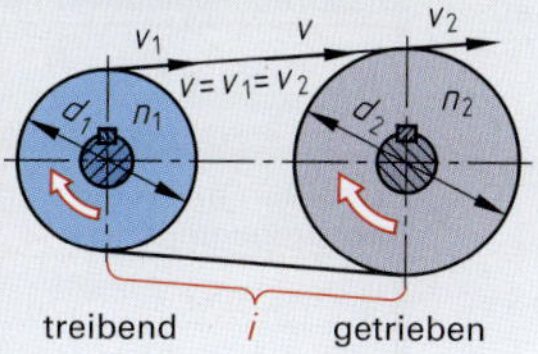

mehrfache Übersetzung

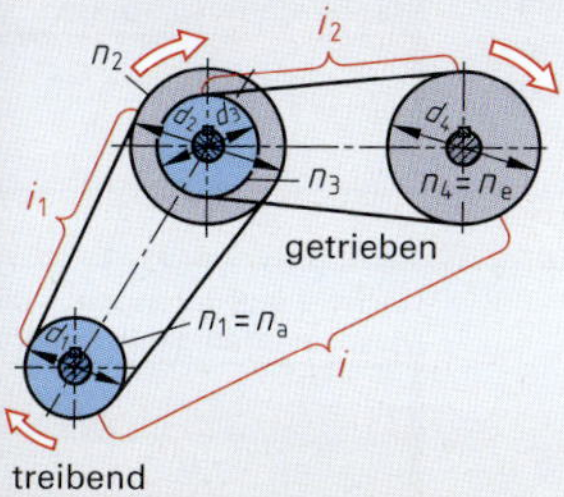

treibende Scheiben

d_1, d_3, d_5 ...	Durchmesser	mm
n_1, n_3, n_5 ...	Drehzahlen	1/min
n_a	Anfangsdrehzahl	1/min

getriebene Scheiben

d_2, d_4, d_6 ...	Durchmesser	mm
n_2, n_4, n_6 ...	Drehzahlen	1/min
n_e	Enddrehzahl	1/min

für den gesamten Riementrieb

i	Gesamtübersetzungsverhältnis	–
i_1, i_2, i_3 ...	Einzelübersetzungsverhältnisse	–
v, v_1, v_2	Umfangsgeschwindigkeiten	m/min

Berechnung der Umfangsgeschwindigkeiten: Seite 19

Geschwindigkeit

$$v = v_1 = v_2$$

Antriebsformel

$$n_1 \cdot d_1 = n_2 \cdot d_2$$

Übersetzungsverhältnis

$$i = \frac{d_2}{d_1} = \frac{n_1}{n_2} = \frac{n_a}{n_e}$$

Gesamtübersetzungsverhältnis

$$i = \frac{d_2 \cdot d_4 \cdot d_6 \ldots}{d_1 \cdot d_3 \cdot d_5 \ldots}$$

$$i = i_1 \cdot i_2 \cdot i_3 \ldots$$

Schneckentrieb

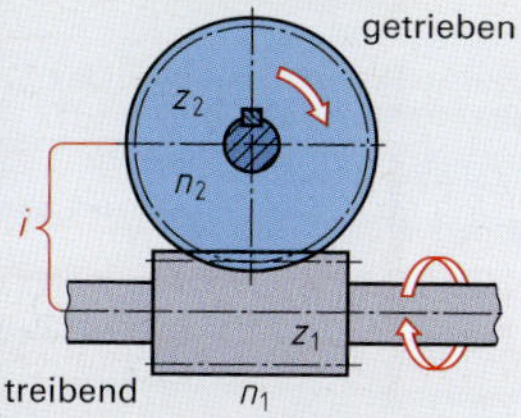

z_1	Zähnezahl (Gangzahl) der Schnecke	–
n_1	Drehzahl der Schnecke	1/min
z_2	Zähnezahl des Schneckenrades	–
n_2	Drehzahl des Schneckenrades	1/min
i	Übersetzungsverhältnis	–

Antriebsformel

$$n_1 \cdot z_1 = n_2 \cdot z_2$$

Übersetzungsverhältnis

$$i = \frac{n_1}{n_2} = \frac{z_2}{z_1}$$

Qualitätsmanagement

Statistische Auswertung (kontinuierliche Merkmale)

Klasse Nr.	Messwert ≥	Messwert <	Strichliste	n_j	h_j in %	F_j in %
1	7,94	7,96	I	1	2,5	2,5
2	7,96	7,98	III	3	7,5	10
6	8,04	8,06	II	2	5	100
			Σ =	40	100	

$$w \approx \frac{R}{k}$$

n	Anzahl der Einzelwerte
k	Anzahl der Klassen
w	Klassenweite
R	Spannweite
n_j	absolute Häufigkeit
h_j	relative Häufigkeit in %
F_j	Summe der relativen Häufigkeiten in %

Anzahl der Klassen

$$k \approx \sqrt{n}$$

Relative Häufigkeit

$$h_j = \frac{n_j}{n} \cdot 100\,\%$$

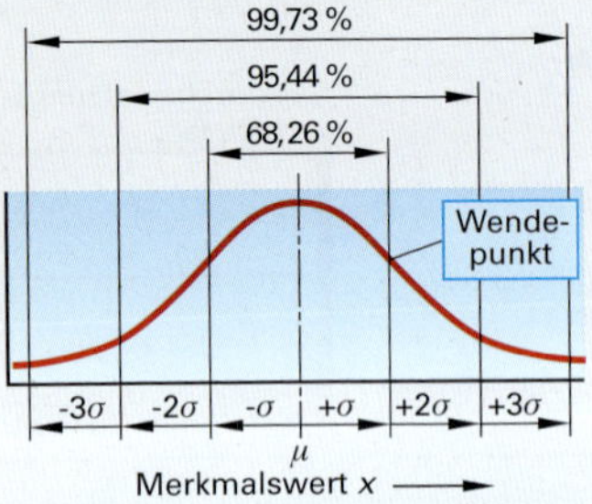

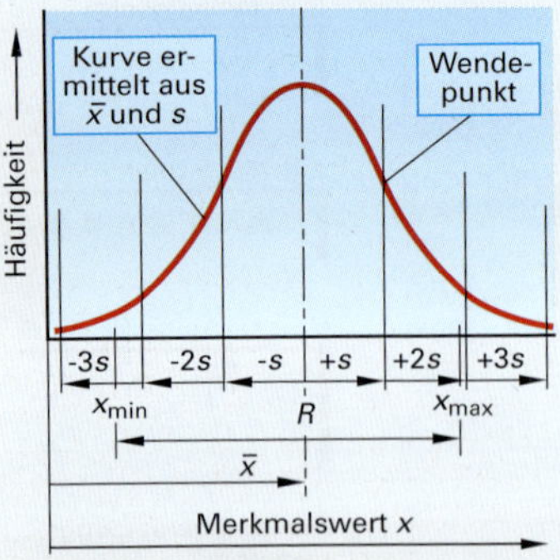

Kennwerte der Stichprobe

n	Anzahl der Einzelwerte (Stichprobenumfang)
x_i	Wert des messbaren Merkmals, z. B. Einzelwert
x_{max}	größter Messwert
x_{min}	kleinster Messwert
$\bar{x}$	arithmetischer Mittelwert
$\tilde{x}$	Medianwert (Zentralwert), mittlerer Wert der nach Größe geordneten Messwerte
s, σ	Standardabweichung
R	Spannweite
D	Modalwert (häufigster Messwert einer Messreihe)
$g_{(x)}$	Wahrscheinlichkeitsdichte

Kennwerte bei Auswertung mehrerer Stichproben

m	Anzahl der Stichproben
$\bar{R}$	Mittelwert mehrerer Stichprobenspannweiten
$\bar{\bar{x}}$	Mittelwert mehrerer Stichprobenmittelwerte
$\bar{s}$	Mittelwert mehrerer Standardabweichungen

Kennwerte der Grundgesamtheit

$\hat{\mu}$	geschätzter Prozessmittelwert
$\hat{\sigma}$	geschätzte Prozessstandardabweichung

Arithmetischer Mittelwert

$$\bar{x} = \frac{x_1 + x_2 + \ldots + x_n}{n}$$

Standardabweichung

$$s = \sqrt{\frac{\sum (x_i - \bar{x})^2}{n-1}}$$

Spannweite

$$R = x_{max} - x_{min}$$

Mittelwert mehrerer Stichprobenspannweiten

$$\bar{R} = \frac{R_1 + R_2 + \ldots + R_m}{m}$$

Mittelwert mehrerer Stichprobenmittelwerte

$$\bar{\bar{x}} = \frac{\bar{x}_1 + \bar{x}_2 + \ldots + \bar{x}_m}{m}$$

Mittelwert mehrerer Standardabweichungen

$$\bar{s} = \frac{s_1 + s_2 + \ldots + s_m}{m}$$

Qualitätsfähigkeit von Prozessen

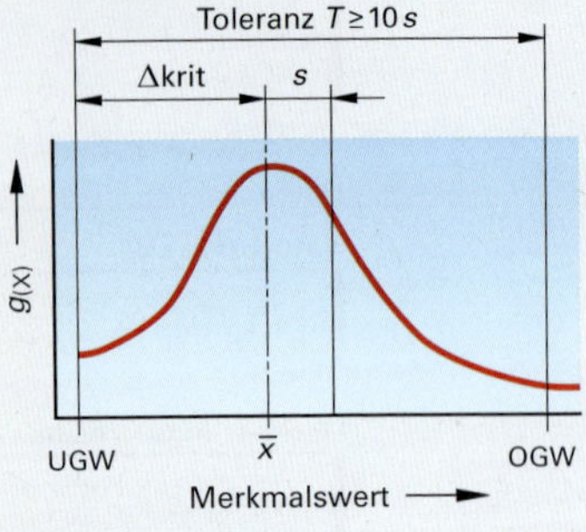

UGW	unterer Grenzwert
OGW	oberer Grenzwert
T	Toleranz
$(\hat{\sigma})$, s	(geschätzte) Standardabweichung
$\bar{x}$	arithmetischer Mittelwert
Δkrit	kleinster Abstand zwischen Mittelwert und Toleranzgrenze
C_m, C_{mk}	Maschinenfähigkeitsindex
P_P, P_{PK}	Prozessleistungsindex
C_p, C_{pk}	Prozessfähigkeitsindex

[1] Kunden- bzw. auftragsabhängige Forderungen

Nachweisforderungen: [1] **Maschinenfähigkeitsindex**

$$C_m = \frac{T}{6 \cdot s} \geq 1{,}67$$

$$C_{mk} = \frac{\Delta krit}{3 \cdot s} \geq 1{,}67$$

Prozessleistungsindex, Prozessfähigkeitsindex

$$P_P = C_p = \frac{T}{6 \cdot \hat{\sigma}} \geq 1{,}33$$

$$P_{PK} = C_{pk} = \frac{\Delta krit}{3 \cdot \hat{\sigma}} \geq 1{,}33$$

Kräfte und Leistungen beim Zerspanen

Drehen

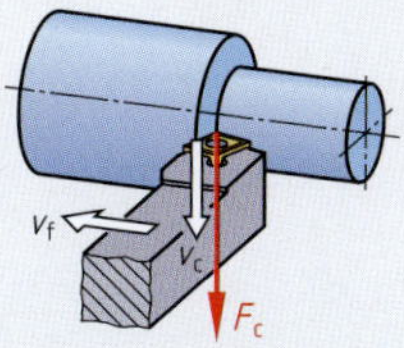

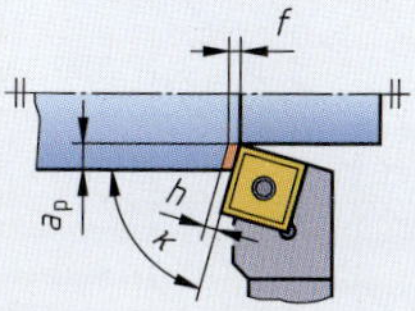

F_c	Schnittkraft	N
A	Spanungsquerschnitt	mm²
a_p	Schnitttiefe	mm
f	Vorschub	mm
h	Spanungsdicke	mm
$\varkappa$	Einstellwinkel	°
k_c	spezifische Schnittkraft	N/mm²
C_1	Korrekturfaktor für den Schneidstoff	–
C_2	Korrekturfaktor für den Schneidenverschleiß	–
v_c	Schnittgeschwindigkeit	m/min
P_c	Schnittleistung	N · m/s, kW
P_1	Antriebsleistung der Maschine	N · m/s, kW
η	Wirkungsgrad der Maschine	–

Umrechnungen:

$$1\ \text{kW} = 1000\ \frac{\text{N}\cdot\text{m}}{\text{s}};\quad 1\ \frac{\text{m}}{\text{min}} = \frac{1\ \text{m}}{60\ \text{s}}$$

Schnittkraft

$$F_c = A \cdot k_c \cdot C_1 \cdot C_2$$

Spanungsquerschnitt

$$A = a_p \cdot f$$

Spanungsdicke

$$h = f \cdot \sin \varkappa$$

Schnittleistung

$$P_c = F_c \cdot v_c$$

Antriebsleistung

$$P_1 = \frac{P_c}{\eta}$$

Bohren

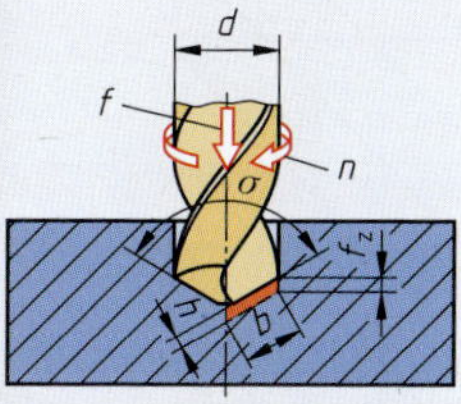

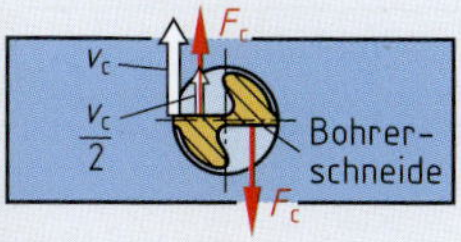

F_c	Schnittkraft je Schneide	N
A	Spanungsquerschnitt je Schneide	mm²
z	Anzahl der Schneiden (Spiralbohrer $z = 2$)	–
d	Bohrerdurchmesser	mm
σ	Spitzenwinkel	°
f	Vorschub je Umdrehung	mm
h	Spanungsdicke	mm
k_c	spezifische Schnittkraft	N/mm²
C_1	Korrekturfaktor für den Schneidstoff	–
C_2	Korrekturfaktor für den Schneidenverschleiß	–
v_c	Schnittgeschwindigkeit	m/min
P_c	Schnittleistung	N · m/s, kW
P_1	Antriebsleistung der Maschine	N · m/s, kW
η	Wirkungsgrad der Maschine	–

Umrechnungen:

$$1\ \text{kW} = 1000\ \frac{\text{N}\cdot\text{m}}{\text{s}};\quad 1\ \frac{\text{m}}{\text{min}} = \frac{1\ \text{m}}{60\ \text{s}}$$

Schnittkraft je Schneide

$$F_c = A \cdot k_c \cdot C_1 \cdot C_2$$

Spanungsquerschnitt je Schneide

$$A = \frac{d \cdot f}{4}$$

Spanungsdicke

$$h = \frac{f}{2} \cdot \sin\frac{\sigma}{2}$$

Schnittleistung

$$P_c = \frac{z \cdot F_c \cdot v_c}{2}$$

Antriebsleistung

$$P_1 = \frac{P_c}{\eta}$$

Drehzahldiagramm

n	Drehzahl	1/min
v_c	Schnittgeschwindigkeit	m/min
d	Werkzeug- bzw. Werkstückdurchmesser	m

Drehzahl

$$n = \frac{v_c}{\pi \cdot d}$$

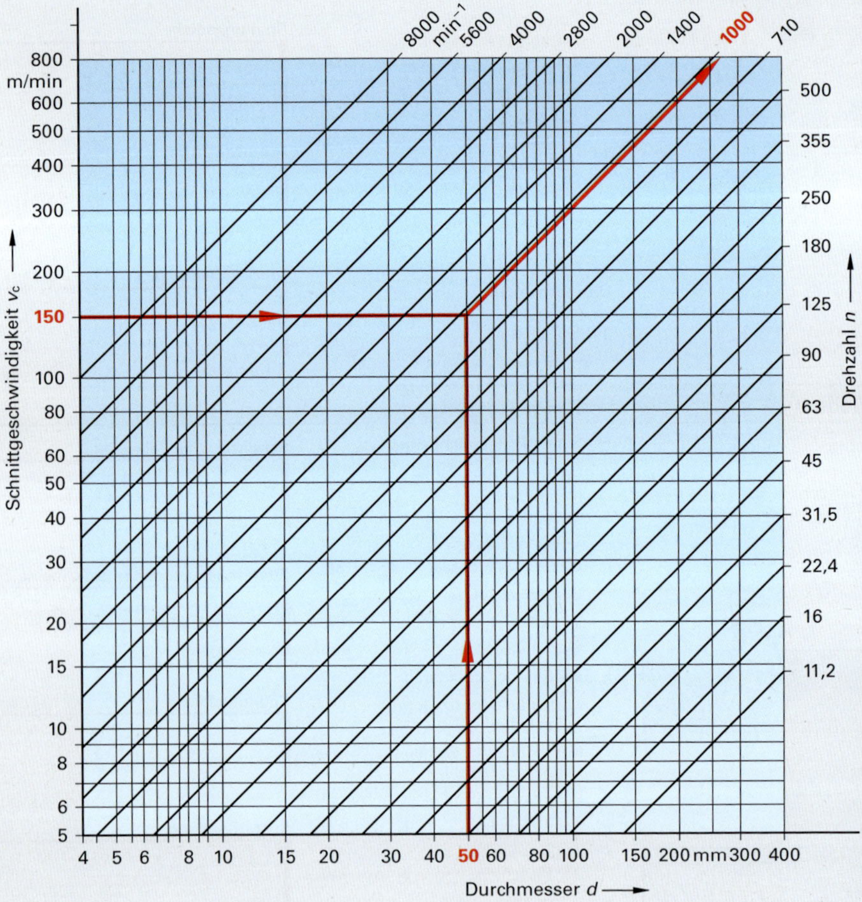

Hauptnutzungszeit beim Bohren, Senken, Reiben und Gewindebohren

Hauptnutzungszeit t_h, Drehzahl n

t_h	Hauptnutzungszeit	min	i	Anzahl der Bohrungen	–
d	Werkzeugdurchmesser	m (mm)	n	Drehzahl	1/min
l	Bohrungstiefe	mm	f	Vorschub je Umdrehung	mm
l_a	Anlauf	mm	v_c	Schnittgeschwindigkeit	m/min
l_u	Überlauf	mm	σ	Spitzenwinkel	°
l_s	Anschnitt	mm	P	Steigung	mm
L	Vorschubweg	mm	g	Gangzahl	–

Hauptnutzungszeit

$$t_h = \frac{L \cdot i}{n \cdot f}$$

Drehzahl

$$n = \frac{v_c}{\pi \cdot d}$$

Vorschubweg L und Anschnitt l_s

Durchgangsbohrung beim Bohren und Reiben

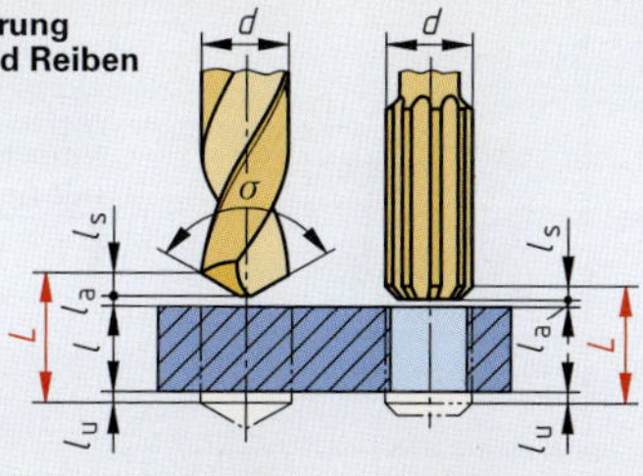

Bohrer-Anschnitt l_s	
σ	l_s
80°	$0{,}6 \cdot d$
118°	$0{,}3 \cdot d$
130°	$0{,}23 \cdot d$
140°	$0{,}18 \cdot d$

Vorschubweg

$$L = l + l_s + l_a + l_u$$

Anschnitt

$$l_s = \frac{d}{2 \cdot \tan \frac{\sigma}{2}}$$

Anschnitt für Bohrertyp N

$$l_s \approx 0{,}3 \cdot d$$

Grundlochbohrung beim Bohren und Reiben

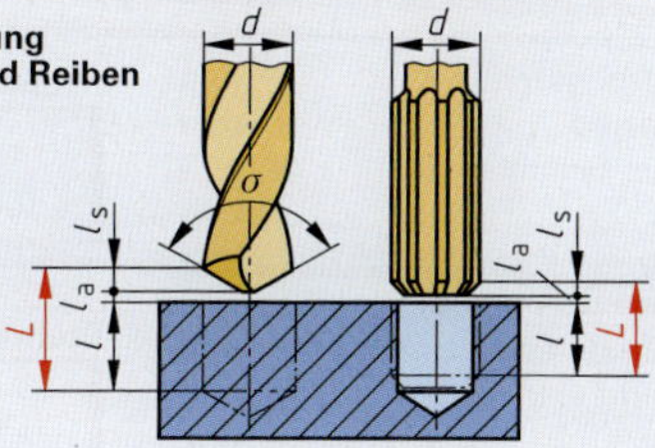

Bohrer-Anschnitt l_s	
σ	l_s
80°	$0{,}6 \cdot d$
118°	$0{,}3 \cdot d$
130°	$0{,}23 \cdot d$
140°	$0{,}18 \cdot d$

Vorschubweg

$$L = l + l_s + l_a$$

Anschnitt

$$l_s = \frac{d}{2 \cdot \tan \frac{\sigma}{2}}$$

Senken

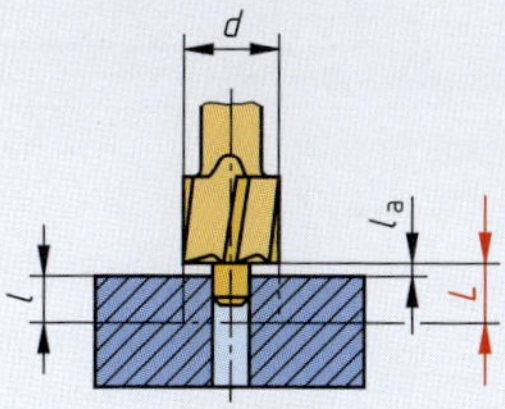

Vorschubweg

$$L = l + l_a$$

Durchgangsgewinde

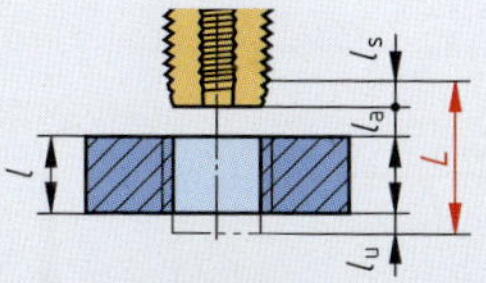

Vorschubweg

$$L = l + l_s + l_a + l_u$$

Anschnitt

$$l_s = g \cdot P$$

Grundlochgewinde

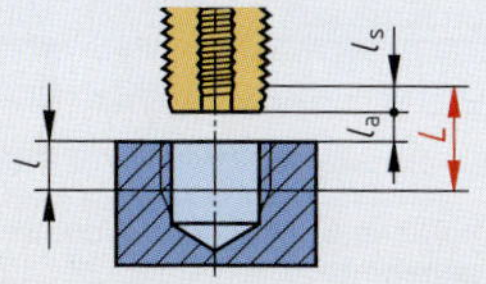

Vorschubweg

$$L = l + l_s + l_a$$

Anschnitt

$$l_s = g \cdot P$$

Hauptnutzungszeit beim Drehen

Längsrunddrehen

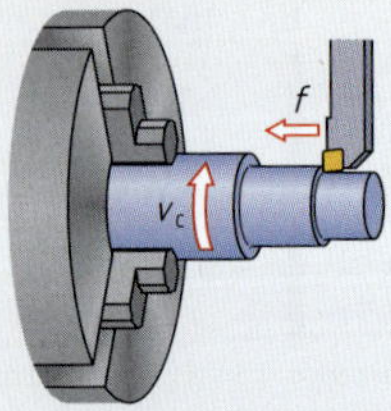

t_h	Hauptnutzungszeit	min
L	Vorschubweg	mm
i	Anzahl der Schnitte	–
n	Drehzahl	1/min
f	Vorschub	mm
v_c	Schnittgeschwindigkeit	m/min
d	Außendurchmesser	m
l_a	Anlauf	mm
l_u	Überlauf	mm

Hauptnutzungszeit

$$t_h = \frac{L \cdot i}{n \cdot f}$$

Drehzahl

$$n = \frac{v_c}{\pi \cdot d}$$

Berechnung des Vorschubweges *L*

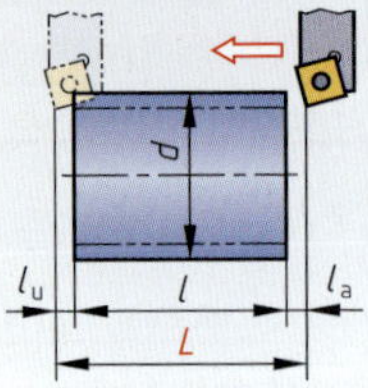

Vorschubweg ohne Ansatz

$$L = l + l_a + l_u$$

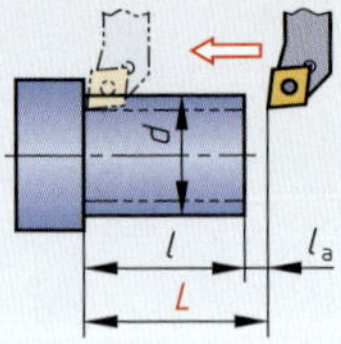

Vorschubweg mit Ansatz

$$L = l + l_a$$

Querplandrehen

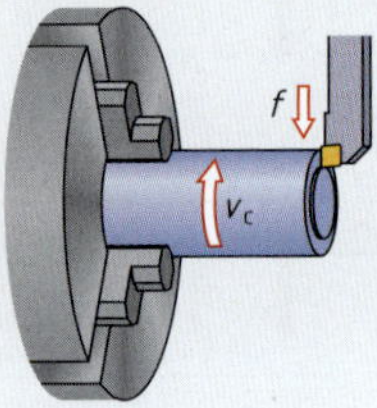

t_h	Hauptnutzungszeit	min
L	Vorschubweg	mm
i	Anzahl der Schnitte	–
n	Drehzahl	1/min
f	Vorschub	mm
v_c	Schnittgeschwindigkeit	m/min
d	Außendurchmesser	mm
d_m	mittlerer Durchmesser[1)]	m (mm)
l_a	Anlauf	mm
l_u	Überlauf	mm

Hauptnutzungszeit

$$t_h = \frac{L \cdot i}{n \cdot f}$$

Drehzahl[1)]

$$n = \frac{v_c}{\pi \cdot d_m}$$

Berechnung des Vorschubweges *L* und des mittleren Durchmessers d_m

Vollzylinder ohne Ansatz

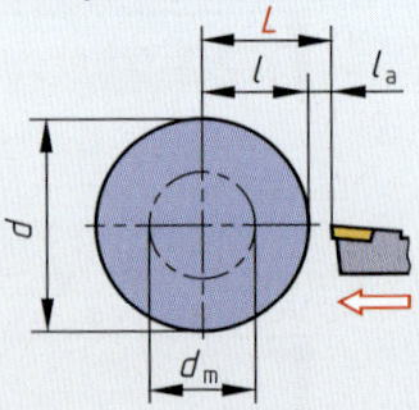

Vorschubweg

$$L = \frac{d}{2} + l_a$$

Mittlerer Durchmesser[1)]

$$d_m = \frac{d}{2}$$

Vollzylinder mit Ansatz

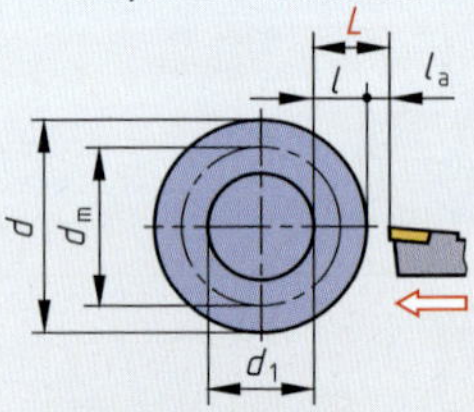

Vorschubweg

$$L = \frac{d - d_1}{2} + l_a$$

Mittlerer Durchmesser[1)]

$$d_m = \frac{d + d_1}{2}$$

Hohlzylinder

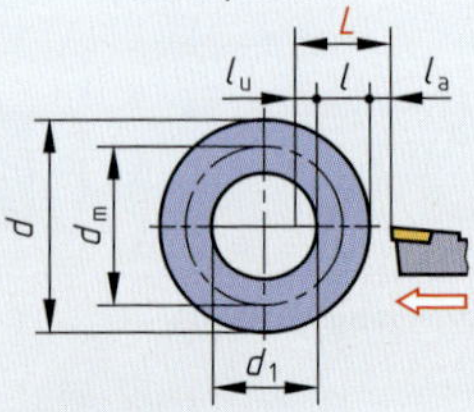

Vorschubweg

$$L = \frac{d - d_1}{2} + l_a + l_u$$

Mittlerer Durchmesser[1)]

$$d_m = \frac{d + d_1}{2}$$

[1)] Die Verwendung vom mittleren Durchmesser führt zu höheren Schnittgeschwindigkeiten. Damit ist garantiert, dass bei kleineren Durchmessern im Innenbereich noch annehmbare Schnittgeschwindigkeiten herrschen.

Hauptnutzungszeit beim Fräsen

Hauptnutzungszeit, Vorschubgeschwindigkeit, Vorschub, Drehzahl

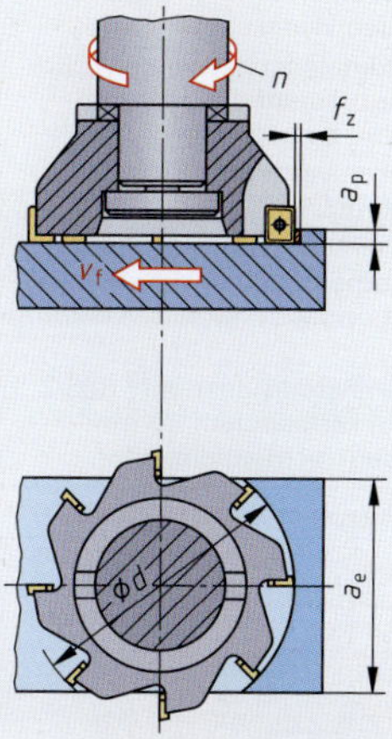

t_h	Hauptnutzungszeit	min
l	Werkstücklänge	mm
a_p	Schnitttiefe	mm
a_e	Schnittbreite (Fräsbreite)	mm
l_a	Anlauf	mm
l_u	Überlauf	mm
l_s	Anschnitt	mm
L	Vorschubweg	mm
d	Fräserdurchmesser	mm
n	Drehzahl	1/min
f	Vorschub je Umdrehung	mm
f_z	Vorschub je Schneide	mm
z	Anzahl der Schneiden	–
v_c	Schnittgeschwindigkeit	m/min
v_f	Vorschub-geschwindigkeit	mm/min

Hauptnutzungszeit

$$t_h = \frac{L \cdot i}{n \cdot f} \qquad t_h = \frac{L \cdot i}{v_f}$$

Vorschub je Umdrehung

$$f = f_z \cdot z$$

Vorschubgeschwindigkeit

$$v_f = n \cdot f \qquad v_f = n \cdot f_z \cdot z$$

Drehzahl

$$n = \frac{v_c}{\pi \cdot d}$$

Vorschubweg L und Anschnitt l_s in Abhängigkeit der Fräsverfahren

Fräsverfahren	Fräserposition	Bild	Berechnung
Stirnfräsen	mittig	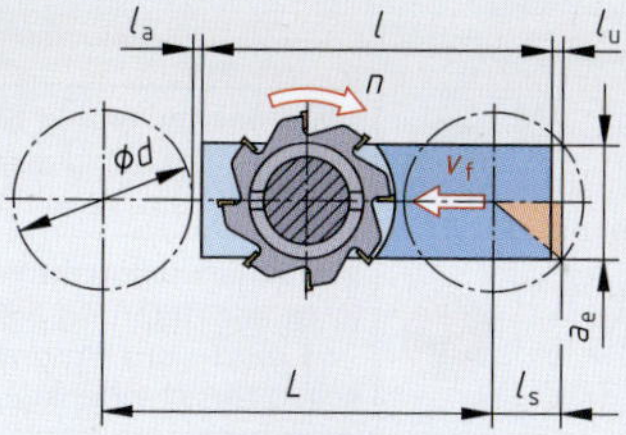	**Vorschubweg** $L = l + 0{,}5 \cdot d + l_a + l_u - l_s$ **Anschnitt** $l_s = 0{,}5 \cdot \sqrt{d^2 - a_e^2}$
Stirnfräsen	außermittig $a_e > 0{,}5 \cdot d$	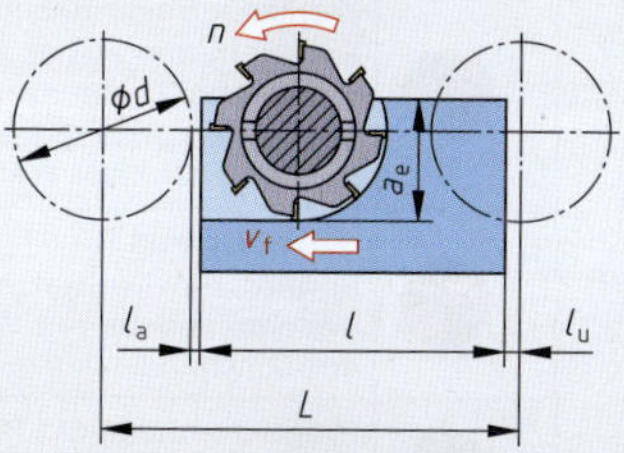	**Vorschubweg** $L = l + 0{,}5 \cdot d + l_a + l_u$
Stirnfräsen	außermittig $a_e < 0{,}5 \cdot d$	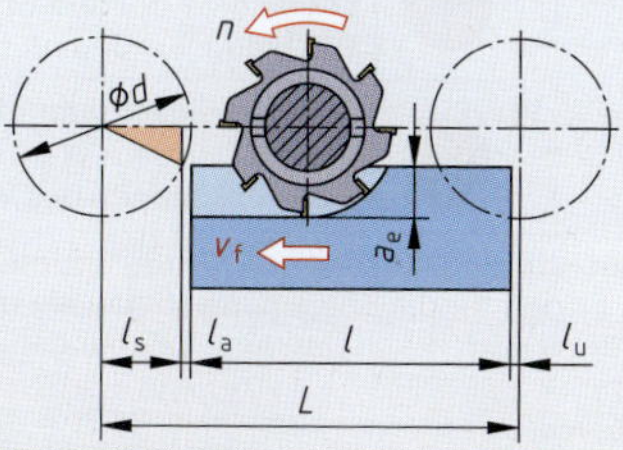	**Vorschubweg** $L = l + l_a + l_u + l_s$ **Anschnitt** $l_s = \sqrt{a_e \cdot d - a_e^2}$
Umfangs-fräsen	–		

CNC-Technik

Koordinatensystem und Koordinatenachsen

vgl. DIN 66217 (1975-12)

Koordinatenachsen bei CNC-Drehmaschinen

Drehmeißel vor der Drehmitte

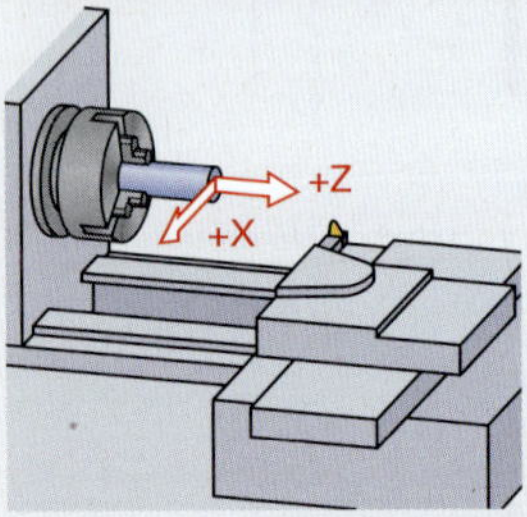

Drehmeißel hinter der Drehmitte

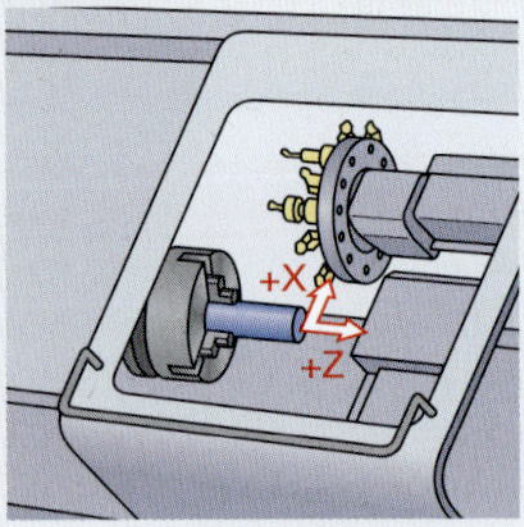

- Das Koordinatensystem bezieht sich auf den Werkstücknullpunkt des eingespannten Werkstücks.
- Die Koordinatenachsen einer CNC-Maschine sind auf die Hauptführungsbahnen ausgerichtet.
- Die Z-Achse verläuft in Richtung der Hauptspindel.
- Beim Programmieren wird immer angenommen, dass das Werkstück still steht und sich nur das Werkzeug bewegt.
- Die Koordinatenachsen X, Y und Z stehen im kartesischen Koordinatensystem senkrecht aufeinander.

Koordinatenachsen bei CNC-Fräsmaschinen

Senkrecht-Fräsmaschine

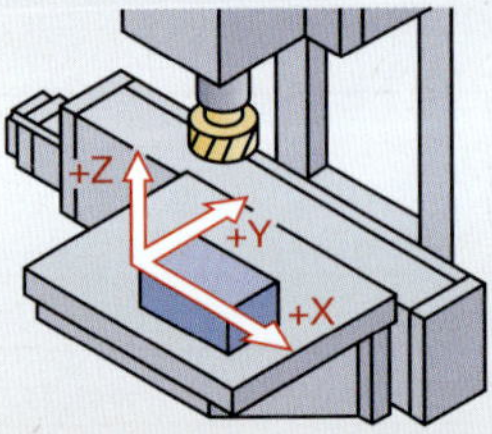

Waagrecht-Fräsmaschine

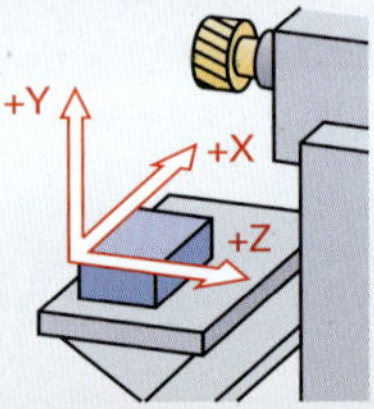

Kartesisches Koordinatensystem[1]

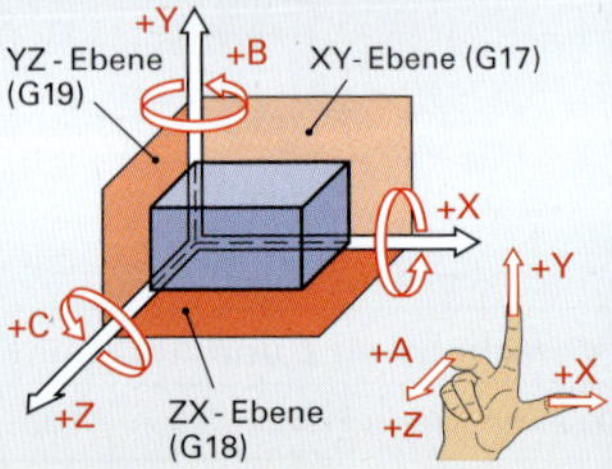

Nullpunkte und Bezugspunkte

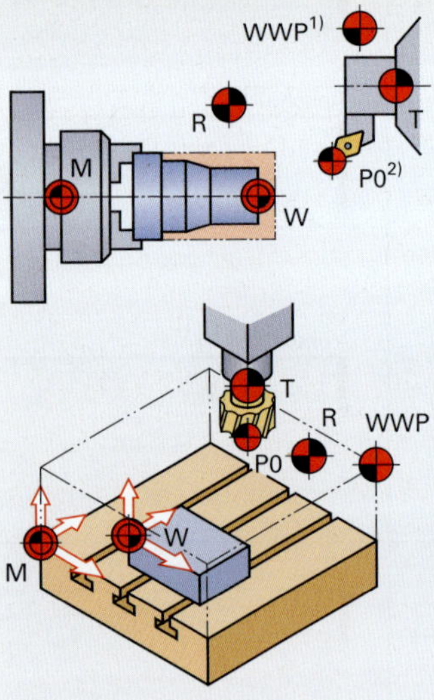

M 		**Maschinennullpunkt M** Er ist der Ursprung des Maschinen-Koordinatensystems und wird vom Maschinenhersteller festgelegt.
W 		**Werkstücknullpunkt W** Er ist der Ursprung des Werkstück-Koordinatensystems und wird vom Programmierer nach fertigungstechnischen Gesichtspunkten festgelegt.
T 		**Werkzeugträger-Bezugspunkt T** Er liegt mitten an der Anschlagfläche der Werkzeugaufnahme. Bei Drehmaschinen ist dies die Anschlagfläche des Werkzeughalters am Revolver, bei Fräsmaschinen die Stirnfläche der Werkzeugspindel.
R 		**Referenzpunkt R** Er wird zum Nullsetzen des inkrementalen Wegmesssystems angefahren. Abstandscodierte Referenzpunkte ermöglichen ein kurzes Anfahren des Werkzeugs.
P0 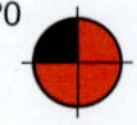		**Programmnullpunkt P0[2)]** Er gibt die Koordinaten des Punktes an, an dem sich das Werkzeug vor Beginn des Programmstarts befindet.
WWP 		**Werkzeugwechselpunkt WWP[2)]** Er wird vor dem Werkzeugwechsel sowie vor dem Um- und Ausspannen des Werkstücks angefahren.

1) Die Drehachsen A, B und C werden den Koordinatenachsen X, Y und Z zugewiesen.
Die Bearbeitungsebenen werden zum Fräsen für die Ebenenanwahl bei einer 2½ D-Steuerung angegeben.
Die Zuordnung der Achsen X, Y und Z kann auch durch Daumen, Zeigefinger und Mittelfinger der rechten Hand dargestellt werden.

2) nicht genormt

CNC-Technik

Werkzeugkorrekturen

CNC-Drehen

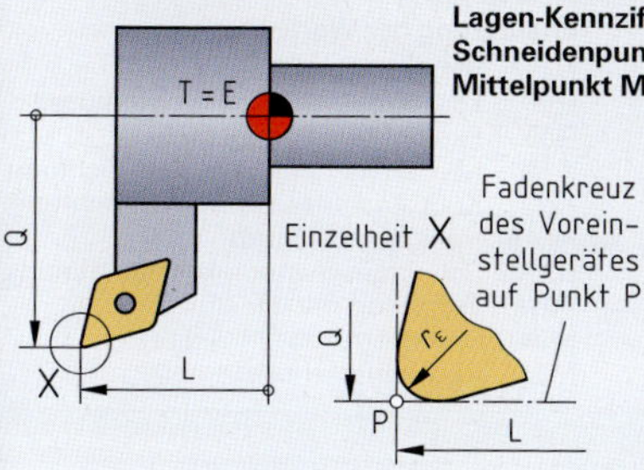

Lagen-Kennziffern des Werkzeug-Schneidenpunktes P bezogen auf den Mittelpunkt M des Schneidenradius r_ε

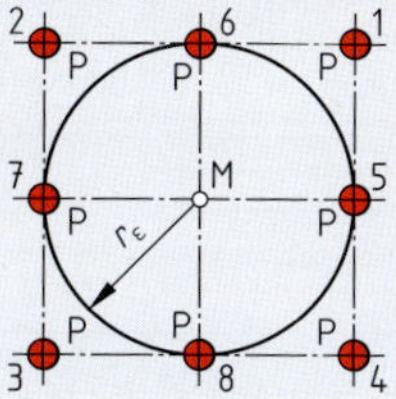

Q	Querablage der X-Achse
L	Längenkorrektur der Z-Achse
r_ε	Schneidenradius
1...8	Lage-Kennziffern
T	Werkzeugträger-Bezugspunkt
E	Werkzeug-Bezugspunkt
M	Mittelpunkt des Schneidenradius r_ε
P	Werkzeug-Schneidenpunkt

CNC-Fräsen

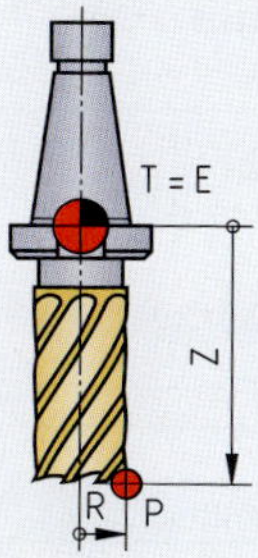

Z	Werkzeuglänge
R	Werkzeugradius
T	Werkzeugträger-Bezugspunkt
E	Werkzeug-Bezugspunkt
P	Werkzeug-Schneidenpunkt

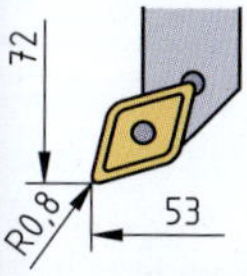

Korrekturspeicher	
Q	72
L	53
r_ε	0,8
Lage-Kennziffer	3

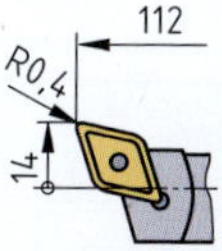

Korrekturspeicher	
Q	14
L	112
r_ε	0,4
Lage-Kennziffer	2

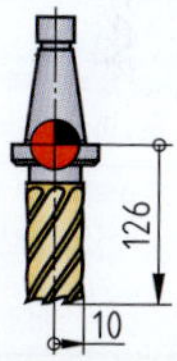

Korrekturspeicher	
Z	126
R	10

Bahnkorrekturen[1]

vgl. DIN 66025 (1988-09) und PAL

Drehmeißel links der Kontur[2] | Drehmeißel rechts der Kontur[2]

Drehmeißel hinter der Drehmitte

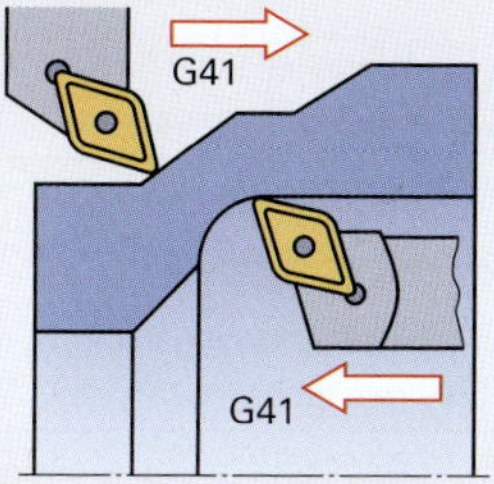

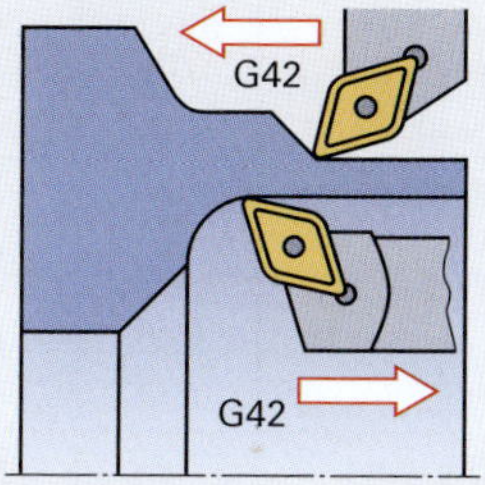

Fräswerkzeug links der Kontur[2]

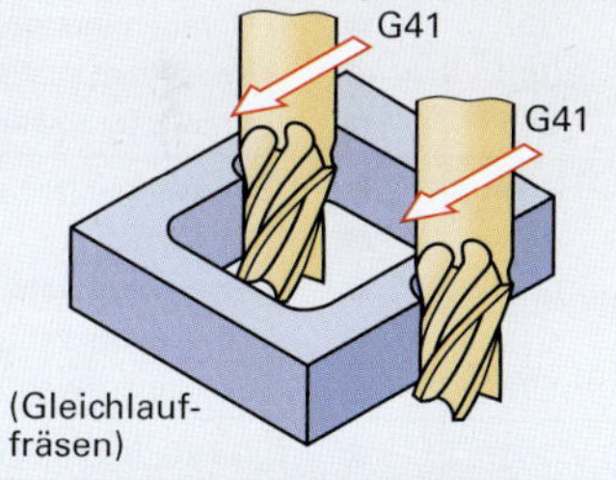

Drehmeißel vor der Drehmitte

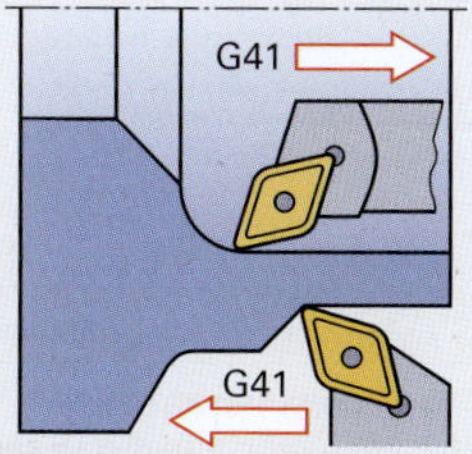

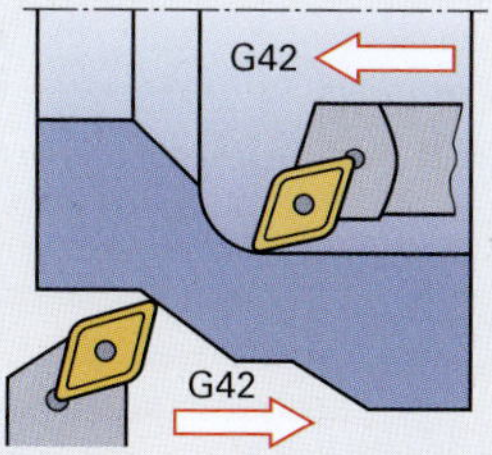

Fräswerkzeug rechts der Kontur[2]

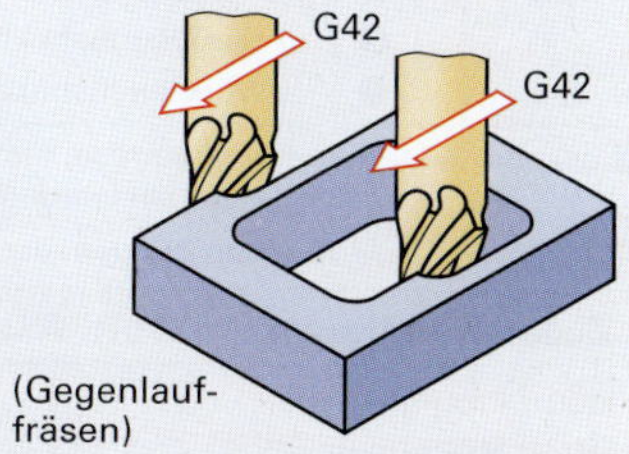

[1] Die Bahnkorrekturen G41 und G42 werden mit der Wegbedingung G40 wieder aufgehoben.
[2] Das Werkzeug von oben gesehen befindet sich in Vorschubrichtung links oder rechts neben der Werkstückkontur.

CNC-Technik nach DIN

Aufbau von CNC-Programmen nach DIN

vgl. DIN 66025-2 (1988-09)

Satzaufbau

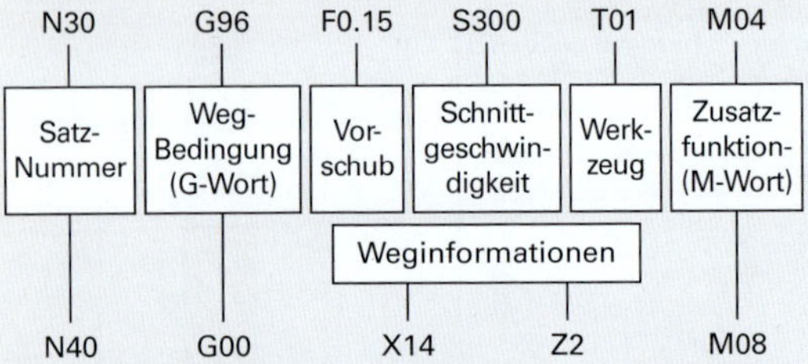

Erläuterung der Wörter:

N30:	Satznummer 30
G96:	konstante Schnittgeschwindigkeit
G00:	Positionieren im Eilgang
X14:	Koordinatenzielpunkt in X-Richtung
Z2:	Koordinatenzielpunkt in Z-Richtung
F0.15:	Vorschub 0,15 mm
S300:	Schnittgeschwindigkeit 300 m/min
T01:	Werkzeug mit der Nummer 01
M04:	Spindel gegen Uhrzeigersinn
M08:	Kühlschmiermittel 1 ein

Programmaufbau

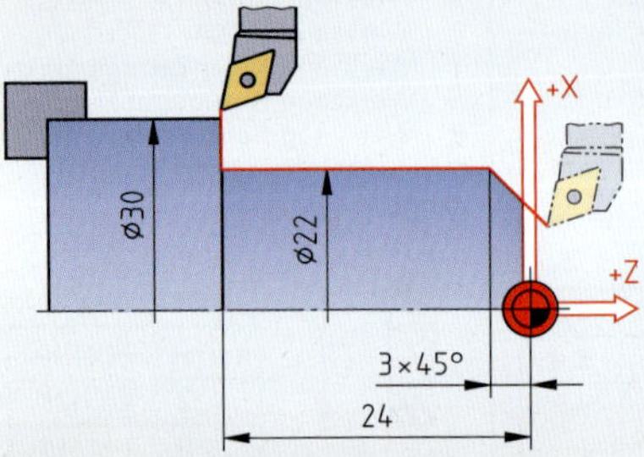

CNC-Programm

```
% 01                                          Programm-anfang

N10  G90
N20  G00              X150   Z50
N30  G96   F0.15      S300   T01    M04
N40  G00              X12    Z2     M08
N50  G42                                      CNC-Sätze
N60  G01              X16    Z0
N70                   X22    Z-3
N...
N100 G40
N110 G00              X150   Z50    M09

N120                                M30       Programm-ende
```

Wegbedingungen (G-Wort, Auswahl)

vgl. DIN 66025-2 (1988-09)

Wegbedingung	Wirksamkeit	Bedeutung	Wegbedingung	Wirksamkeit	Bedeutung
G00	● (blau)	Positionieren im Eilgang	G53	● (blau)	Aufheben der Verschiebung
G01	● (blau)	Geraden-Interpolation	G54 … … G59	● (blau)	Verschiebung 1 … … Verschiebung 6
G02	● (blau)	Kreis-Interpolation rechtsdrehend			
G03	● (blau)	Kreis-Interpolation linksdrehend	G74	● (blau)	Referenzpunkt anfahren
G04	● (rot)	Verweilzeit, zeitlich vorbestimmt	G80	● (rot)	Arbeitszyklus aufheben
G09	● (rot)	Genauhalt	G81 … … G89	● (blau)	Arbeitszyklus 1 … … Arbeitszyklus 9
G17	● (blau)	Ebenenauswahl XY			
G18	● (blau)	Ebenenauswahl ZX	G90	● (blau)	Absolute Maßangaben
G19	● (blau)	Ebenenauswahl YZ	G91	● (blau)	Inkrementale Maßangaben
G33	● (blau)	Gewindeschneiden, Steigung konstant	G94	● (rot)	Vorschubgeschwindigkeit in mm/min
G40	● (blau)	Aufheben der Werkzeugkorrektur	G95	● (blau)	Vorschub in mm
G41	● (blau)	Werkzeugbahnkorrektur, links	G96	● (blau)	Konst. Schnittgeschwindigkeit
G42	● (blau)	Werkzeugbahnkorrektur, rechts	G97	● (blau)	Spindeldrehzahl in 1/min

● (blau) gespeichert: Wegbedingungen, die so lange wirksam bleiben, bis sie durch eine artgleiche Bedingung überschrieben werden.

● (rot) satzweise: Wegbedingungen, die nur in dem Satz wirksam sind, in dem sie programmiert sind.

Zusatzfunktionen (M-Wort, Auswahl)

vgl. DIN 66025-2 (1988-09)

M00	Programmierter Halt	M04	Spindel gegen Uhrzeigersinn	M08	Kühlschmiermittel EIN
M02	Programmende	M05	Spindel halt	M09	Kühlschmiermittel AUS
M03	Spindel im Uhrzeigersinn	M06	Werkzeugwechsel	M30	Programmende mit Rücksetzen

CNC-Technik nach PAL

PAL-Befehlscodierung bei CNC-Drehmaschinen (mit angetriebenen Werkzeugen)

G-Funktionen – Wegbedingungen[1] (Auswahl)

Interpolationsarten	
G0	Verfahrweg im Eilgang
G1	Linearinterpolation im Arbeitsgang[1]
G2	Kreisinterpolation im Uhrzeigersinn
G3	Kreisinterpolation im Gegenuhrzeigersinn
G4	Verweildauer
G9	Genauhalt
G14	Werkzeugwechselpunkt (WWP) anfahren

Nullpunkte	
G50	Aufheben der inkrementellen Nullpunktverschiebung und Drehungen
G53[1]	Alle Nullpunktverschiebungen und Drehungen aufheben
G54… …G57	Einstellbare absolute Nullpunkte
G59	Inkrementelle Nullpunktverschiebung kartesisch und Drehung

Programmtechniken	
G22	Programmwiederholung
G23	Unterprogrammaufruf

Bearbeitungsebenen und Umspannen	
G17	Stirnseiten-Bearbeitungsebene (XY-Ebene)
G18	Drehebene (Haupt-, Gegenspindelbearbeitung)[1]
G19	Mantelflächen-/Sehnenflächen-Bearbeitungsebenen
G30	Umspannen/Gegenspindelübernahme

Schnittgrößen	
G92	Drehzahlbegrenzung
G94	Vorschubgeschwindigkeit in mm/min
G95	Vorschub[1] in mm
G96	konstante Schnittgeschwindigkeit in m/min
G97	konstante Drehzahl[1] in 1/min

Maßangaben	
G70	Umschalten auf Maßeinheit Zoll (Inch)
G71	Umschalten auf Maßeinheit Millimeter[1] (mm)
G90	absolute Maßangabe[1]
G91	Kettenmaßangabe

Zyklen	
G80	Abwahl einer Bearbeitungszyklus-Konturbeschreibung
G31	Gewindezyklus
G81	Längsschruppzyklus
G82	Planschruppzyklus
G84	Bohrzyklus
G85	Freistichzyklus
G86	radialer Einstechzyklus
G88	axialer Einstechzyklus

Werkzeugkorrekturen	
G40	Abwahl der **S**chneiden**r**adius**k**orrektur[1] **(SRK)**
G41	SRK links von der programmierten Kontur
G42	SRK rechts von der programmierten Kontur

G-Funktionen für angetriebene Werkzeuge in der X-Y-Ebene oder Z-X-Ebene[2]

G1	Linearinterpolation im Arbeitsgang	G48	tangentiales Abfahren im Viertelkreis
G2	Kreisinterpolation im Uhrzeigersinn	G72	Rechtecktaschenfräszyklus
G3	Kreisinterpolation im Gegenuhrzeigersinn	G73	Kreistaschen- und Zapfenfräszyklus
G10	Verfahren im Eilgang mit Polarkoordinaten	G74	Nutenfräszyklus
G11	Linearinterpolation mit Polarkoordinaten	G75	Kreisbogennut-Fräszyklus
G12	Kreisinterpolation im Uhrzeigersinn mit Polarkoordinaten mit angetriebenem Werkzeug	G76	Mehrfachzyklusaufruf auf einer Lochreihe
		G77	Mehrfachzyklusaufruf auf einem Lochkreis
G13	Kreisinterpolation im Gegenuhrzeigersinn mit Polarkoordinaten	G79	Zyklusaufruf auf einem Punkt
		G81	Bohrzyklus
G45	lineares tangentiales Anfahren an einer Kontur	G82	Tiefbohrzyklus mit Spanbruch
G46	lineares tangentiales Abfahren an einer Kontur	G84	Gewindebohrzyklus
G47	tangentiales Anfahren im Viertelkreis	G85	Reibzyklus

M-Funktionen[1] – Zusatzfunktionen (Auswahl)

M0	Programmierter Halt	M10	Reitstock-Pinole lösen
M3	Spindel dreht im Uhrzeigersinn (CW[3])	M11	Reitstock-Pinole setzen
M4	Spindel dreht im Gegenuhrzeigersinn (CCW[3])	M17	Unterprogramm-Ende
M5	Spindel ausschalten[1]	M30	Programmende mit Rücksetzen auf Programmanfang
M8	Kühlschmiermittel ein		
M9	Kühlschmiermittel aus[1]	M60	konstanter Vorschub[1]

T-Adresse – Werkzeugnummer im Magazin (Auswahl)

T	Werkzeugspeicherplatz im Werkzeugrevolver	TX	inkrementelle Veränd. des X-Korrekturwertes im angewählten Korrekturwertspeicher
TC	Korrektur-Speichernummer		
TR	inkrementelle Veränderung des Werkzeugradiuswertes	TZ	inkrementelle Veränd. des Z-Korrekturwertes im angewählten Korrekturwertspeicher für konturparallele Aufmaße
TL	inkrementelle Veränderung der Werkzeuglänge		

[1] Einschaltzustand beim Start eines CNC-Programms: **G18, G90, G53, G71, G95, G97, G1, G40, M5, M9, M60**
[2] Bei der CNC-Drehmaschine mit angetriebenem Werkzeug sind die Befehle der CNC-Fräsmaschine identisch.
[3] CW: clock wise; CCW: counter clock wise

Grafcet (Auswahl)

Schritte und Aktionen

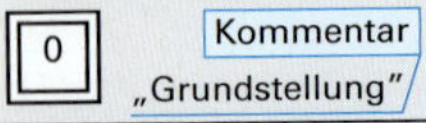

Anfangsschritt (Initialschritt), z. B. Schritt 0

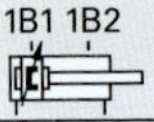

Schritt 0: Zylinder in Grundstellung

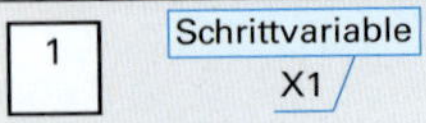

allgemeiner Schritt, z. B. Schritt 1
X1=1 ⇒ Schritt 1 ist aktiv ⇒ z. B. Zylinder fährt aus
X1=0 ⇒ Schritt 1 ist inaktiv

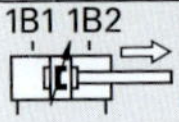

Schritt 1: Zylinder fährt aus

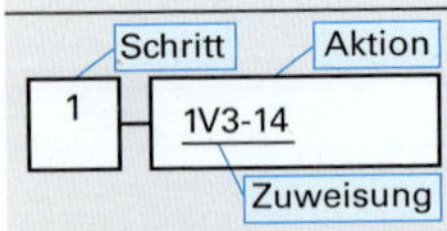

Kontinuierlich wirkende Aktion

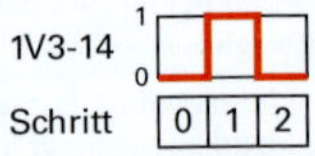

Zuweisung wird ausgeführt, solange der Schritt aktiv ist.

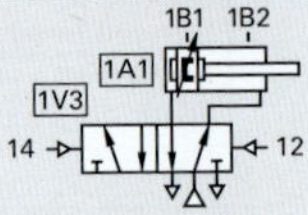

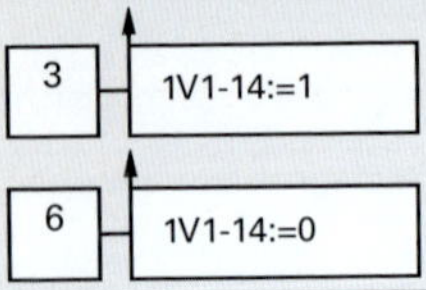

Speichernd wirkende Aktion bei Schrittaktivierung

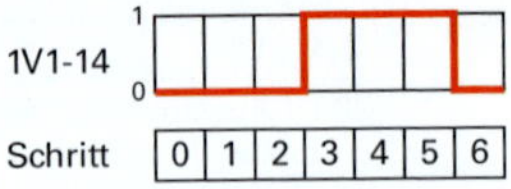

Zuweisung wird ausgeführt, bis sie zurückgesetzt wird.

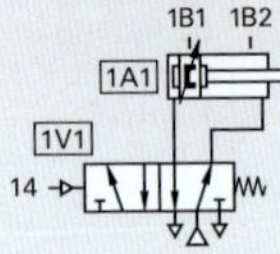

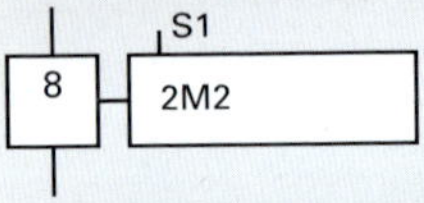

Aktion mit Zuweisungsbedingung

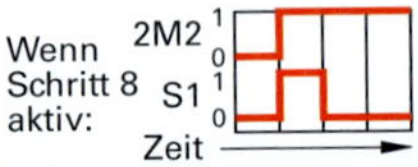

Zuweisung wird ausgeführt, wenn Schritt aktiv UND die Zuweisungsbedingung erfüllt ist.

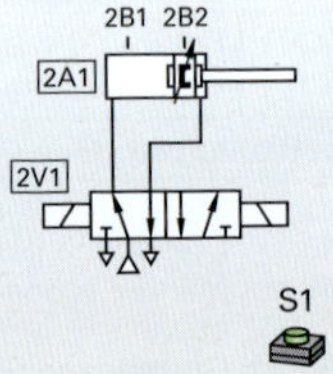

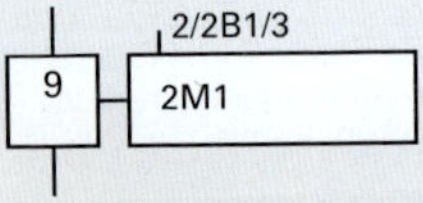

Aktion mit zeitlicher Zuweisungsbedingung

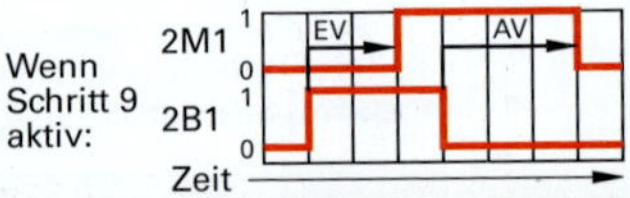

EV: Einschaltverzögerung (Bsp. 2 Sek.)
AV: Ausschaltverzögerung (Bsp. 3 Sek.)

Transitionen (Übergänge)

1S1·1B1 1S3+1S4 $\overline{1S5}$

Logische Verknüpfungen

UND (*) **ODER (+)** **Negation ($\bar{x}$)**

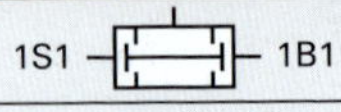

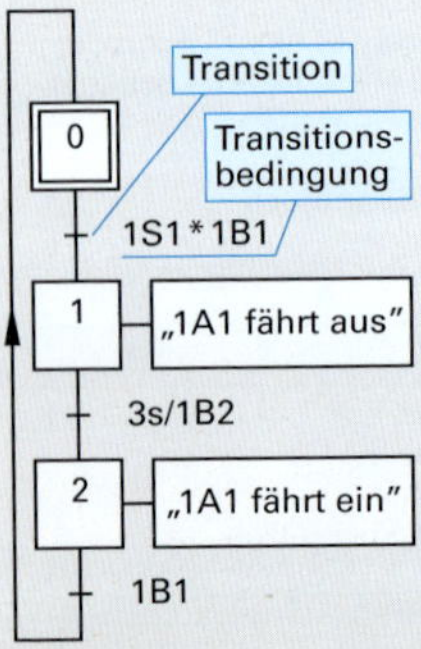

Die Transitionsbedingung (Übergangsbedingung) ...
- wird durch Boole'sche Ausdrücke/Text beschrieben
- folgt auf jeden Schritt
- lässt nur einen Schritt in einer Kette aktiv werden
- kann Kommentare erhalten

Beispiel: Wenn 1S1 UND 1B1 ein Signal liefern, erfolgt Übergang auf Schritt 1.

Transition mit Zeitbedingung

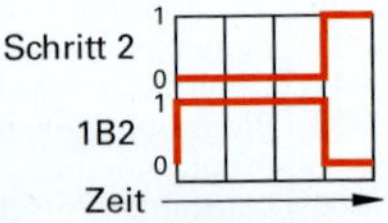

Beispiel: 3 Sekunden nach Erreichen von 1B2 (1B2=1) erfolgt der Übergang zu Schritt 2.

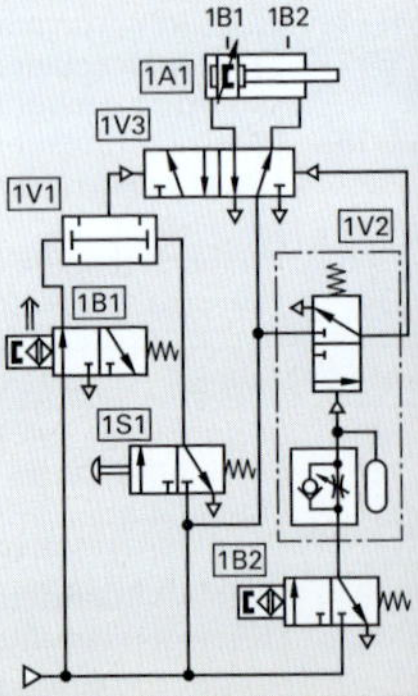

Schrittkette und Funktionsplan (FUP)

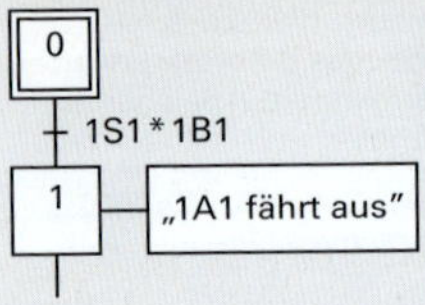

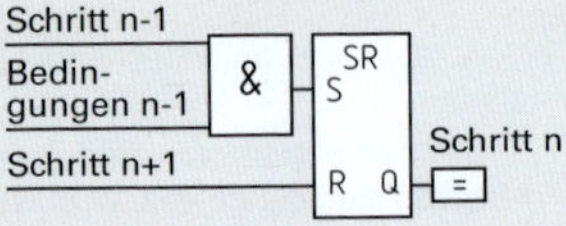

n: Schrittnummer
S: Setzen
R: Rücksetzen
&: UND im FUP
Q: Ausgang

Schritt 1 im SPS-Funktionsplan (FUP):

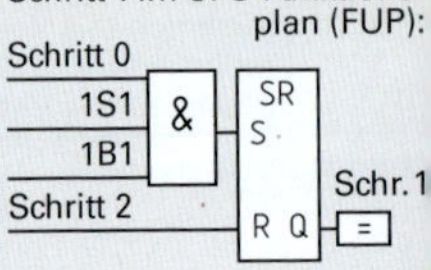

Hydraulik, Pneumatik

Luftverbrauch pneumatischer Zylinder

Einfachwirkender Zylinder (EZ)

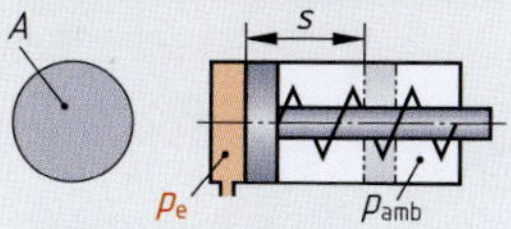

Doppeltwirkender Zylinder (DZ)

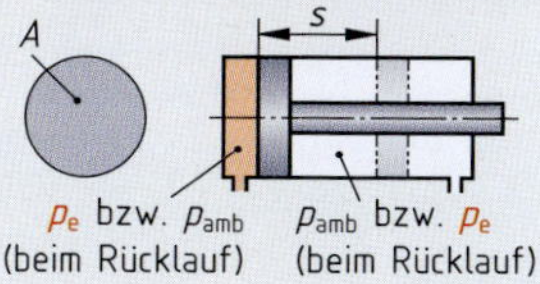

Q	Luftverbrauch	l/min
p_e	Überdruck im Zylinder	bar
p_{amb}	Luftdruck	bar
n	Hubzahl	1/min
A	Kolbenfläche	cm²
s	Kolbenhub	cm
q	spezifischer Luftverbrauch	l/cm

Der spezifische Luftverbrauch q für die vereinfachten Formeln hängt vom Überdruck im Zylinder und von der Kolbenfläche ab. Er kann Diagrammen (Beispiel siehe unten) oder Tabellen entnommen werden.

Berechnung mit Formeln

Luftverbrauch[1) einfachwirkender Zylinder

$$Q = A \cdot s \cdot n \cdot \frac{p_e + p_{amb}}{p_{amb}}$$

Luftverbrauch[1) doppeltwirkender Zylinder

$$Q \approx 2 \cdot A \cdot s \cdot n \cdot \frac{p_e + p_{amb}}{p_{amb}}$$

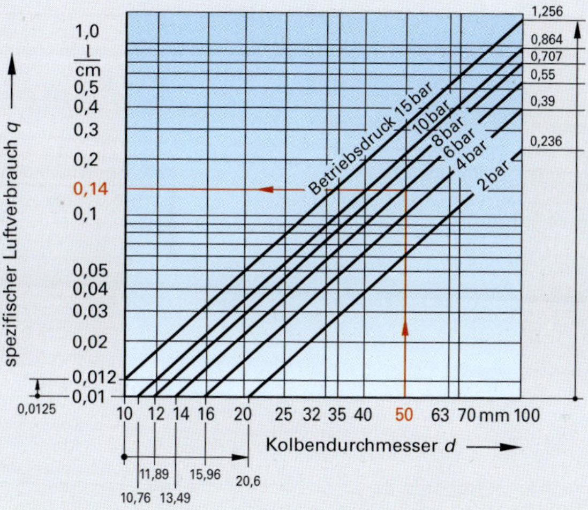

Berechnung mit Diagramm

Luftverbrauch[1) einfachwirkender Zylinder

$$Q = q \cdot s \cdot n$$

Luftverbrauch[1) doppeltwirkender Zylinder

$$Q \approx 2 \cdot q \cdot s \cdot n$$

Beispiel:

Der Luftverbrauch eines einfachwirkenden Zylinders mit d = 50 mm, s = 100 mm und n = 120/min soll aus dem Diagramm für p_e = 6 bar ermittelt werden.
Nach dem Diagramm ist q = 0,14 l/cm Kolbenhub.
$Q = q \cdot s \cdot n =$
$= 0{,}14$ l/cm · 10 cm · 120/min
= **168 l/min**

[1) Durch das Füllen der Toträume kann der wirkliche Luftverbrauch bis zu 25 % höher liegen. Toträume sind z. B. Druckluftleitungen zwischen Wegeventil und Zylinder oder nicht nutzbare Räume in der Endstellung des Kolbens. Die Querschnittsfläche der Kolbenstange wird nicht berücksichtigt.

Durchflussgeschwindigkeiten

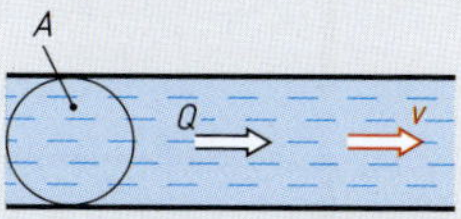

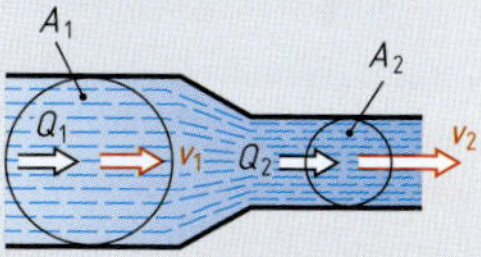

Q, Q_1, Q_2	Volumenströme
A, A_1, A_2	Querschnittsflächen
v, v_1, v_2	Durchflussgeschwindigkeiten

Kontinuitätsgleichung

In einer Rohrleitung mit wechselnden Querschnittsflächen fließt in der Zeit t durch jeden Querschnitt der gleiche Volumenstrom Q.

Volumenstrom

$$Q = A \cdot v$$

$$Q_1 = Q_2$$

Verhältnis der Durchflussgeschwindigkeiten

$$\frac{v_1}{v_2} = \frac{A_2}{A_1}$$

Hydraulik, Pneumatik

Kolbenkräfte

Ausfahren

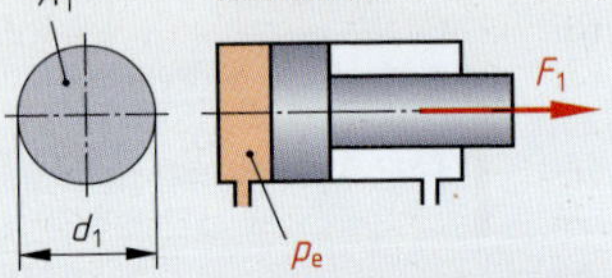

Einfahren

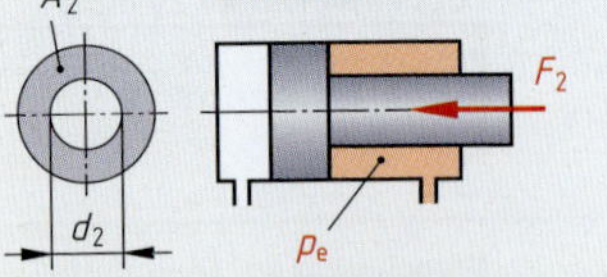

p_e	Überdruck
A_1, A_2	Kolbenflächen
F_1	Kolbenkraft beim Ausfahren
F_2	Kolbenkraft beim Einfahren
d_1	Kolbendurchmesser
d_2	Kolbenstangendurchmesser
η	Wirkungsgrad

Wirksame Kolbenkraft

$$F = p_e \cdot A \cdot \eta$$

Druckeinheiten

$$1\ \text{Pa} = 1\,\frac{\text{N}}{\text{m}^2} = 10^{-5}\ \text{bar}$$

$$1\ \text{bar} = 10\,\frac{\text{N}}{\text{cm}^2} = 0{,}1\,\frac{\text{N}}{\text{mm}^2}$$

$$1\ \text{mbar} = 100\ \text{Pa} = 1\ \text{hPa}$$

Kolbengeschwindigkeiten

Ausfahren

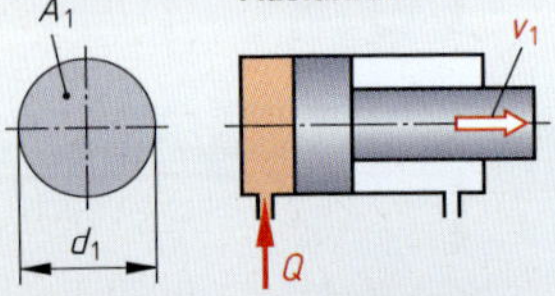

Einfahren

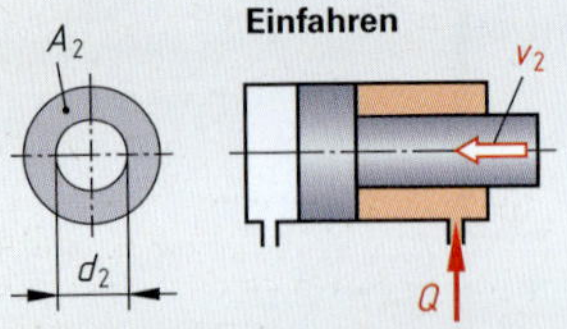

Q	Volumenstrom
A_1, A_2	wirksame Kolbenflächen
v_1, v_2	Kolbengeschwindigkeiten

Kolbengeschwindigkeit

$$v = \frac{Q}{A}$$

Leistung von Pumpen und Zylindern

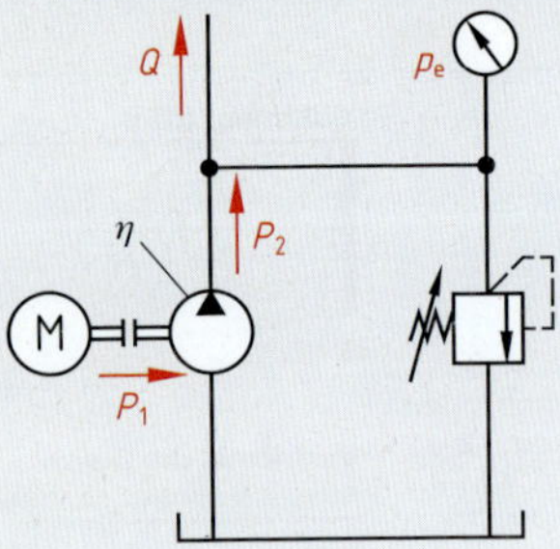

P_1	zugeführte Leistung an der Pumpenantriebswelle
P_2	abgegebene Leistung am Pumpenausgang
Q	Volumenstrom
p_e	Überdruck
η	Wirkungsgrad der Pumpe
M	Drehmoment
n	Drehzahl
9550 600	Umrechnungs- faktoren

Zugeführte Leistung

$$P_1 = \frac{M \cdot n}{9550}$$

Abgegebene Leistung

$$P_2 = \frac{Q \cdot p_e}{600}$$

Wirkungsgrad

$$\eta = \frac{P_2}{P_1}$$

Formeln für zugeführte und abgegebene Leistung mit:
P in kW, M in N · m, n in 1/min, Q in l/min, p_e in bar